Figma
UI

设计技法与
思维全解析

静电◎著

清华大学出版社
北京

内 容 简 介

Figma 是当下备受关注的云应用 UI 设计工具：它基于浏览器，因而不受操作系统的限制；它上手容易，可以说 Sketch 的使用者皆能轻松上手 Figma；便于合作共享是它的独特优势。本书通过多个设计案例讲解软件技能，并配有教学视频，从 Figma 操作的方方面面，延展到设计方法与思维能力。本书第 1、2 章讲 Figma 的基础操作及案例演示；第 3、4 章讲 Figma 协作功能和界面设计细节，属于 UI 设计系统进阶知识；第 5、6 章为设计思维提升的内容；最后为 Q&A 和优秀作品展示。

本书结合了作者多年的 UI 设计行业经验，内容由浅入深，非常适合 UI 设计师及有志进入 UI 设计行业的读者提升技能，也可以作为一本 UI 设计师日常的工作读物，方便随时查阅，快速解决实践中的问题。

图书在版编目（CIP）数据

Figma UI 设计技法与思维全解析 / 静电著 . —北京：清华大学出版社，2021.4
ISBN 978-7-302-57601-3

Ⅰ . ① F⋯　Ⅱ . ①静⋯　Ⅲ . ①人机界面—程序设计　Ⅳ . ① TP311.1

中国版本图书馆 CIP 数据核字 (2021) 第 033791 号

责任编辑：王中英
封面设计：杨玉兰
责任校对：胡伟民
责任印制：丛怀宇

出版发行：清华大学出版社
　　　　　网　　　址：http://www.tup.com.cn，http://www.wqbook.com
　　　　　地　　　址：北京清华大学学研大厦 A 座　　　　　邮　　编：100084
　　　　　社 总 机：010-62770175　　　　　　　　　　　邮　　购：010-83470235
　　　　　投稿与读者服务：010-62776969，c-service@tup.tsinghua.edu.cn
　　　　　质 量 反 馈：010-62772015，zhiliang@tup.tsinghua.edu.cn
印 装 者：涿州汇美亿浓印刷有限公司
经　　销：全国新华书店
开　　本：170mm×240mm　　　　印　　张：19.5　　　　字　　数：420 千字
版　　次：2021 年 4 月第 1 版　　　印　　次：2021 年 4 月第 1 次印刷
定　　价：128.00 元

产品编号：089866-01

推 荐 语

　　静电老师对新的设计工具总是能很快跟进并深入钻研，帮助一线设计师们尽快发挥出新工具的生产力。更难得的是，静电老师没有忘记加强对通用设计原理和理念的讲授，帮助读者做好适应设计行业变化的长远准备。

纪晓亮，站酷网总编

　　Figma这两年越来越火，能顶着 Photoshop 和 Sketch 的压力，跻身主流设计工具，足以见得其高效性和便携性，它强大的协作功能更是赢得设计师们的拍手叫好。如果你想尽快上手这个新兴的设计工具，这本书将成为你的钥匙。

程远，优设网内容总监

　　"降本增效"是产品经理的核心价值之一。这也是产品经理喜欢研究、体验各种工具，来提高项目协作中的沟通效率、协作效率的原因。Figma就是一款值得产品经理去研究的工具，静电老师在本书中详细讲解了这个工具的必备核心知识。

老曹，起点学院、人人都是产品经理社区创始人兼CEO

　　Figma不只是工具，更是思维方式；在线协作不只是将文件放在线上，更能极大地提升集体工作效率、释放创造力。

吴卓浩，Mr. HOW AI创造力学院创始人，
曾任Google、Airbnb中国、创新工场设计负责人

Figma是深受全球设计师喜欢的一款新的在线设计和协作工具，能提升产品设计的协作效率和流畅度，达到全链路的统一平台化，也是我们墨刀追寻的目标。静电老师作为墨刀官方认证的产品设计讲师，一直致力于设计知识和理念的传播，也推动了设计工具的进化和发展。这本书中包含了作者的大量干货知识，非常值得各位设计师和产品设计者阅读。

张元一，墨刀创始人兼CEO

随着时代的发展，设计师身边的新工具越来越多，如何在这些纷繁的工具中找到适合自己的，同时兼顾当今更新的技术、更快速的设计流程协作需求，是值得设计师考虑的一点。静电的这本书在讲解新工具Figma的同时，结合了自己的经历和对UI设计的观点，让我们学到工具之外的很多设计理念，非常值得设计师一读。

"乌鱼说"，知名设计自媒体

新的生产力工具意味着新的机会，静电老师总是能在第一时间竭尽全力地给设计行业带来新的分享——这不只是一个设计师的态度，更是一个教育工作者的态度。用"新"的思维追逐教育，把一线的经验分享给每一位求知者。从Sketch到Figma，好的内容值得拥有。

王晓苏，CCtalk 运营总监

设计在我看来是一份非常美的工作，能将人性、人心的真、善、美显现出来。静电把自己十多年的时间投入进来，不断思考和精进。这本书把关于设计认知的问题讲解得特别透彻，有非常多的实际案例，值得反复阅读。更重要的是，设计师需要将设计技能与产品真正结合起来，推动产品进步，并产生价值，这也是一个优秀设计师的真正魅力所在，而这种能力，也在静电的实际工作中得到了体现。

陈芳，中文在线·汤圆创作项目总监

新工具背后所折射出来的是整个互联网领域以及设计领域对于流畅协作的渴望，减少不同职位之间协作和沟通的成本，让工作和产品开发效率更高。设计是用来解决问题的，全新的设计工具让解决问题的效率更高，把更多思考的空间和时间留给设计师，让设计师真正专注于产品本身的价值。作为之前一起共事过的同事，静电老师真正把自己的设计能力融入了产品之中，让设计为产品和用户价值服务。这本书也是静电的倾心力作，非常值得广大设计师一读。

Rongrong，ThoughtWorks体验策略咨询

00-1 作者介绍

　　静电，SketchChina中国社区创始人，新锐UI设计工具Sketch在中国的首批推动者；静Design.FM主播，京东智能·东课堂嘉宾讲师，Sketch Meetup特邀嘉宾，著有热门图书《Sketch+Xcode双剑合璧》《不一样的UI设计师》。从2015年开始，静电在网络上发表UI设计及行业相关的教程及文章，言语诙谐，观点犀利。随着移动互联网热潮的到来，被越来越多的设计师熟识。2018与2019年，被墨刀授予产品原型设计专家称号。

　　静电对互联网设计产品思维的结合有着深刻的理解，倡导感性设计与理性思维的融会贯通。曾在eNet硅谷动力、中文在线、LavaRadio、365日历等多家知名互联网企业担任首席设计师及管理职位，2016年年底创办北京境地创想教育科技有限公司，致力于互联网UI设计行业在线教育与内容传播。

　　设计行业的小伙伴常说，设计师吃的就是"青春饭"。但静电却凭借着十几年的一线互联网设计行业经验，一直保持着高质量的教程产出。现在静电转型到设计类教育行业，各位设计师小伙伴评价其课程为"三观正""干货满满""启发性学习"的典范。其线上课程《静电的UI设计教室》目前已经开设二十多期，并一直坚持超小班一对一辅导的教学模式，深受学员的好评。

　　也许你是静电的老读者了，或者刚刚开始接触UI设计这个行业。这都没关系！希望这本书能给现阶段的你更多的帮助，在你羽翼日渐丰满的过程中，助你飞得更高更远。

移动互联网设计领域的"战国时代"

到这两年为止，移动互联网已经不再是一个新鲜的词汇了。从2006年开始正式进入互联网设计领域以来，我的身份从"美工""网页设计师""UED设计师""广告设计师"，一直进化到现在的"UI设计师""全栈设计师"。这些名词也代表着互联网设计领域的一步步进化和成熟。

可能很多小伙伴还不知道，在2012年或2013年之前（可能更晚），"UI设计师"这个词是多么让人新鲜感十足。当时跟互联网沾边的设计师，大部分还在做着传统的网页设计及客户端设计。虽然中国的3G网络在2008年已经开始商用，苹果的iPhone 3GS已经在2009年发布，但那时候，基于移动互联网形态的产品还以手机上简陋的WAP网页为主。

所以，你可以把这些都理解为暴风雨前的平静。而在这之后，仿佛一切都走上了快车道，你会发现所有的公司都开始做一种叫作App的东西，你手中的手机也从N年前的诺基亚换成了iPhone或Android手机，你开始借助3G网络，在一个个的手机应用中流连忘返。当万事俱备的时候，互联网的从业者发现，手机已经代替传统的PC，成为人们的必需品。

于是，之前的"网页设计师"，纷纷开始尝试在手机上展示他们的设计。但在那时，我们还在用着Adobe公司的"网页设计三剑客"，用且仅用着Photoshop来实现这一切。可是，随着移动互联网让所有人的节奏越来越快，传统的Photoshop已经不再能满足设计师快速开发和迭代移动端应用的需求了，而Photoshop单画布的设计模式也显得越来越落伍。设计师们需要在一个界面上放置所有的手机界面，观察它们的统一性、内部的逻辑，更快地输出开发所用的素材。所以，打破Photoshop一统天下的契机就这么来了。现在广为人知的Sketch也就是顺着这种爆发性的趋势成为"网红软件"的，它快速、轻便、易于上手，被越来越多的UI设计师接纳，发展到现在，已经成为UI设计行业里大家必会的工具之一。从2015年、2016年开始直到现在，可以说是各种第三方UI设计工具百花齐放的时代。Adobe公司为了应对这种趋势，推出了Adobe XD，基于画板模式的简单设计工具。而第三方工具则数不胜数，除Sketch之外，Affinity Designer及各种基于云的设计工具开始随着这种趋势并喷式出现。

一时间，各种"究竟应该使用哪种工具来做UI设计"的讨论层出不穷，有人说Photoshop要"死"了，未来是Sketch的天下。大部分却说这绝对不可能！"保守派"与"改革派"设计师之间的矛盾也越来越尖锐。可见，很多人的思维中都是有"保守"倾向的，人们不愿意去改变已经熟悉的东西。

但是移动互联网的潮流是如此汹涌澎湃，让设计师不得不开始在思维上去接纳这种"新鲜的事物"，不管是主动的，还是被动的。新软件层出不穷，我们之前的认知开始出现混乱。究竟哪一种才是我们的心头好呢？没人能说清楚——直到现在，甚至未来很长一段时间里。

我们不妨接纳这种"战国时代"的混乱局面，顺便把自己的思维调整一下，朝着更高的目标进发，比如如何借助这些百花齐放的工具，最终达到我们的设计目标。所谓"条条大道通罗马"，也许做出令人心仪的设计稿比讨论该用哪款工具更值得被称赞。你喜欢哪款设计软件，用就好了，Photoshop这么多年依旧活得好好的，Sketch也是，而新工具依然层出不穷，比如这本书中要讲的新UI工具Figma。

Figma是典型的"云应用"的代表。在这本书中，我们重点来讲解Figma及与之相关的UI设计技能。

00-3 云应用 趋势？机遇？还是昙花一现？

　　打开网页就能用的应用现在已经越来越多，当然这也不是什么新鲜事儿了。早在2010年，Google就推出了自家的Chrome OS，这是一款完全基于网络的操作系统，如下图所示。用户打开网页就可以进行工作，无须安装烦琐的操作系统与各种客户端应用。虽然在2010年，这个概念还有点过于超前，但是这种理念带来的效率软件革新却没有停止。比如笔者当前正在某在线文档网站来撰写书稿，一切基于云来保存，而不是像之前一样，用Page或者Word建个文档，把自己的书稿放在计算机的本地硬盘里。

　　而设计软件这几年也顺应这个趋势，开始齐刷刷地上"云"。我们来聊聊这两年UI设计工具的进化吧！Sketch不顾一切地在开发和推广自己的Sketch Cloud产品，广受Windows用户欢迎。号称Sketch狙击者的Adobe XD则在最近的一次更新中设置未付费的用户只能将设计稿保存在云中，无法在本地进行保存。而现在要给大家介绍的这款UI设计工具Figma，则将Sketch的设计功能完全搬到了浏览器中，用户打开浏览器就可以体验和Sketch几乎一模一样的操作模式，包括各种菜单、各种图形的渲染，在Figma里都表现得近乎完美，如下图所示。

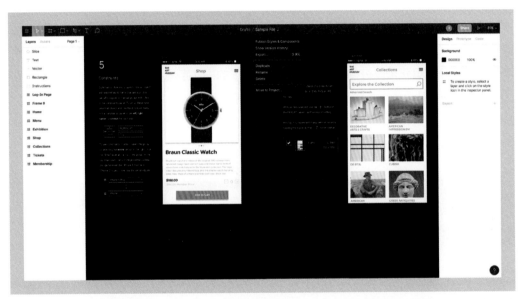

　　与此同时，国内的墨刀、在线设计海报的创客贴，还有一系列同类型的工具则一直是这种"云"模式的践行者。完全贴合人们对本地化软件的操作习惯，便于分享和多人协作，无须下载客户端，这些都成为"云"工具的王牌撒手锏。设计师在Figma、墨刀等工具中做完设计稿，直接将链接复制，就可以发送给客户和需求者查看，需求者可以直接在设计稿上标注并反馈意见，甚至可以邀请多位项目成员一同完成项目。这无疑让设计和开发的效率获得大幅度提升，吸引力着实不小。

　　可以说，一些较轻量级的应用已经或多或少地完成了用户习惯的培养。而在设计这种较重的应用中，用户使用习惯扭转的速度则会相对慢一些。很多设计师担心，公司有保密措施，将设计稿传到云上会被泄露。还有人则担心万一断网了，自己就无法工作了。确实，这些担心都有各自的道理，也很容易理解。而Figma则为了让用户担心少一点，提供了可以将网络上完成的设计稿保存到本地的功能，另外一些工具也或多或少在这个方面做出了妥协。

　　笔者还是比较乐观的，工作习惯的改变总是要花不少时间的，特别是用户自身认知的改变，并不是一件容易的事情。但是不可否认，"云应用"必然会成为未来的趋势，不管你是否喜欢，它现在已经到来，而且会持续发展下去。在效率和协作高于一切的时代，谁能抗拒这种吸引力呢？

　　作为设计师来说，纵使你现在可能因为工作流程等客观原因无法马上在云端工作，但是不妨先了解一下这种先进的工作模式，为今后的趋势做好准备。而新的UI设计工具Figma则是一个不错的选择。

目录

06 从细节到整体：以产品和用户为核心的设计思路

07 静电的 Q&A 时间

08 后记

09 附录

01

我们要成为怎样的
设计师

风口不在，UI 设计师如何自我定位

1. 移动互联网依然是朝阳行业

对于任何一个行业，都有一个上升期和稳定期，而2016年左右，就是移动互联网行业的上升期。在此期间，万众创业，加上国家鼓励，一时间UI设计师供不应求。如下图所示为"UI设计"的百度热度指数，纵坐标为搜索指数，数值越大热度越高，横坐标为时间。但这也造成了一些负面效应，就是UI设计师水平参差不齐，因为整个行业才刚开始发展没多久，所以这种情况也是很正常的。但是不得不说，当时的环境并没有现在这么浮躁，"在风口上，猪都能飞起来"这样的话广为流传。一时间大家都在赶风口，仿佛没有风口，就没有了成功的机会。但现在风停了，那些一味赶风口的投机者反而重重地摔了下来，整个行业趋于冷静，也越来越成熟。这对于任何一个行业来说，都是好事。

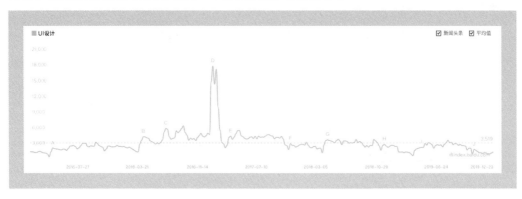

随着科技的发展，像5G这样的新生产物越来越多，但由于科技形态没有发生太大变化，所以移动终端依然会有极大的市场和保有量，而且移动互联网和移动端UI设计师短时间内不会消失，反而会越来越普及，成为一个必须存在的行业。只要手机屏幕、电脑屏幕等各种屏幕存在，这个行业就不会消失。换种思路想，我们只不过把之前纸上的内容搬到了电子屏幕上。所以这种介质存在多久，UI设计师就会存在多久。

这个时候你可能会想到平面设计师，这难道不是一种介质转换的必然结果吗？只不过平面设计师转型到移动互联网设计上，依然可以活得很好，毕竟设计都是相通的。

所以，无须悲观，我们也许无法改变环境，但是却可以在技术日益成熟、竞争日益激烈的环境中努力提升自己，做到不可取代，这就是我们的价值所在。在这个过程中，有新人进来，也有适应不了这种竞争的人被淘汰出局，一切都是正常的现象。

2. 行业越成熟，对设计师要求越高

一个行业越成熟，对设计师的要求就会越高，这就意味着，前几年涌进来的"不合格"的设计师的日子越来越不好过了。因为大家的整体水平是在提升的，而且互联网企业对人才的要求也是逐步提升的。如果你在前几年不努力，只想顺着风口飞高点，而现在却没有锻炼出"翅膀"，那么在这个过程中，你会跌得很惨，摔得很疼。

在这个时候，如果你是底层的UI设计师，那无异于底端的绘图工人。这和生产线上装配零件的工人本质上没有什么区别，在这个级别，无疑是人数最多、竞争压力最大的，求职困难也在所难免。要知道，设计师这个职位，和其他职位的最终目标一样，都是帮助客户解决问题。只有搞清这一点，才能在思维上扭转劣势，才能有提升核心竞争力的可能性，朝着中高端人才的目标进发，也更有竞争优势，薪水更高。

对于任何一个行业来说，初级、中级、高级的定位，都是我们在工作中的必经阶段。一个刚入行的UI设计师，其能力一定在人才金字塔（如下页第一幅图所示）偏下的位置。但是反过来，一个工作了很久的设计师，如果不去做出改变，或者思维能力依然有限，就依然会在人才金字塔的下端。所以，我们可以把每个阶段看作设计师的必经之路，努力朝着更高的方向进发才是我们的目标。接下来咱们谈谈，每个阶段的设计师应该如何进行自我定位，如何在各自的阶段提升和进阶。

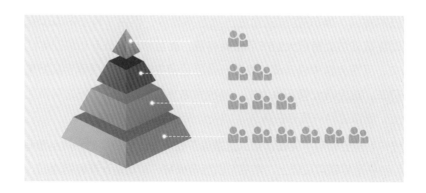

3. 不同阶段设计师的目标及定位

刚才谈到，不同阶段的定位是设计师成长过程中必然会经历的，如下图所示。因此，我们不能用诸如"设计作品是否优秀""是否有足够的项目经验"这样的死板目标去要求。但是，每个阶段的设计师必然有其独特的竞争力。也就是说，如果被归类为"初阶"，就意味着在跟所有初阶设计师竞争的时候，需要具备一定的核心竞争力。（请注意，对于设计师的阶段划分不是一成不变的，不同的场景有不同的要求，在这里只谈最普遍的场景中的分类。）

初阶（入门级）　　　　初中阶　　　　中高阶　　　　高阶+

初阶（入门级设计师）

我们把具备一定软件技能，但是缺乏实践经验和审美能力，没有工作或者刚开始工作的设计师定义为初阶（或入门级设计师）。请注意，在这里有个词叫"小白"，小白不在我们的讨论范畴中，如果连最基本的软件或者计算机操作能力都没有，则不在初阶范畴内。通常，在校的艺术设计类学生也可以划分到此类（当然，如果在校已经是大神的话，就排除在外了）。

对于这个级别的设计师，我们以提升软件熟练度、掌握绘图能力为主。在此期间不要太过在意没有项目经验，刚入行，哪里来的项目经验呢？这很正常，不要过分担忧。在设计能力上，通过大量的临摹，至少能让设计水准达到60分及格线，也就是我们常说的"好看"。基础的排版、版式设计不应该成为障碍。

而在审美能力上，不同的人的审美能力差距是非常大的，这与平时的生活环境、家庭环境、在校教育、性格爱好等都有强关联。在练习层面，如果审美能力有偏差，则要多看优秀作品，并在看的过程中，讲出优秀作品好在哪里、为什么好。这就是审美锻炼的基本步骤。说审美能力是UI设计师最基础的能力，这一点都不为过，而这项能力恰恰是最难通过短时间训练去改变的。我们的审美能力至少应该保持在一个及格甚至偏上水准，就算这个阶段不会设计，审美能力也是你的巨大优势。

在上面谈到的基础能力搞定后，接下来的时间就要通过各种方式来得到项目实践机会。兼职，对市面上已有应用的Redesign都是非常好的方式。不管是私活还是其他机会，尽量把握住。

这个阶段的设计师，是最容易被影响的，所以在学习的过程中，尽量跟随主流的、有一定项目经验的老师或者从业者学习，千万不要陷入只学软件的误区，或者假如老师讲授的设计风格还停留在20世纪，到后边这种思维惯性就很难改掉了。

初中阶设计师

工作半年至一两年后，大部分的设计师已经开始具有一定的项目经验，对移动端应用的产品设计开发流程也有了一定的了解。但是，一般在这个阶段的设计师，还是以视觉至上思维为主，在做设计的时候，优先考虑界面在自我眼中的美观程度，对于领导或者产品经理布置下来的需求比较被动。其结果就是以自己的认知做出来的设计通常会被产品经理或其他需求者批得体无完肤，各种改改改更是常见，而自己则显得无比郁闷和委屈。这个阶段的设计师通常会有强烈的技能学习需求，乐于通过各种渠道学习新工具、新的软件操作技能。认为通过工具可以改变目前工作中的现状。

从设计作品层面上来看，可能存在基础不牢，或者设计作品形式大于真正意义的情况。其实这些都是成长过程中的必经之路，但是，要及时总结经验教训，比如怎样的情况可以改善当前的设计稿不满足需求的现象，通过多与设计开发流程中的不同职位接触来了解用户和商业需求的价值，对"面向用户或面向商业"的设计有初步的认知。为未来形成自己的设计方法论打下基础。

中高阶

随着工作年限的增长，个人的能力以及经验也随之提升，但这是有前提的，我们要保证之前的工作经历对个人提升有正向促进作用。这个时候你会发现，自己的薪资水平在逐年增长，职级水平也在不断提高，对设计行业的认知也更加理性客观。通常这类设计师有三四年及以上的工作经验，有一些也开始担任团队的领导者。

中高阶设计师会有丰富的行业竞争力，随着职业生涯的纵深，一部分继续在设计岗位发挥余热，另一部分则转型到产品开发流程的头部职位，比如交互设计师、产品经理等。从这个角度看，中高阶设计师除了具有稳定有创意的作品之外，还要懂得通过设计去创造价值的含义所在。作品也更加贴合自身产品的用户人群心理和产品定位，更懂得面向用户做设计的意义所在。

当然，还有一部分设计师则走技能方向，比如在插画、图形设计领域有特别拔尖的表现。但不管怎么说，这些都会成为个人核心竞争力的一部分，也符合自身定位的需求。

高阶以上

该阶段设计师已经超出了本书所描述的范围，也许他们已经成为某创业公司的中坚力量，或者通过其他方式践行着设计改变生活的目标。这是你的最终目标吗？加油！

你为什么成长那么慢？
什么是 UI 设计师的核心竞争力

1. 一个现象

在多年的教学过程中，笔者接触过上千名学员。有的很有潜质，知识点一听就懂；有的则理解能力稍弱，但是通过努力大部分可以很好地完成任务；还有些表面上看起来很努力，但是不管怎么教，都觉得差了一点意思，作品总是少了那么一点灵性；有一些则有很强的执念，会将之前的学习经历，不管正确的或者错误的，都代入自己的听课过程中，很难转变；而还有一些则是任何事情都要老师帮忙，自己不愿意做一点思考。

所有这些同学中，一部分很快获得了更好的工作，换了更好的公司；还有一部分，在学习时间已经过去一两年或者更长的时间后，依然问着同样的问题，在各种交流群里的表现与学习之前差异并不大，自身问题依然没有改进，让人惋惜。

另一个现象是关于语言的。众所周知，英语读写能力是作为互联网从业者的必备技能，而部分UI设计师却对英文工具、文档等内容有强烈的排斥，看到这些工具或者文档，就表现出一种非常抗拒的心态。"求汉化""求中文""英文劝退"等言论甚嚣尘上。如果从普通用户角度，这种言论或者思维并无不妥，但是以一个UI设计师或者互联网从业者的角度来说，这已经是严重阻碍个人职业发展的很大因素了。试想，当别的设计师已经开始去了解国外先进设计理念和技术的时候，你却还在等着别人去翻译后才看或者学习，已经比别人慢了不止半拍。UI设计稿中的英文随处可见，可见设计师对于英文的需求是非常旺盛的。这种矛盾现象一直存在，让人百思不得其解。

有时候我不禁感慨，一个人的软实力是多么的重要，而这些软实力是无法通过短期的技能培养去大幅改善的。很多时候，这些软实力已经固化到一个人的"出厂配置"中，除非后期有极大的悟性，否则很难短时间纠正。

常言道"师傅领进门，修行靠个人"。现在看来，在软实力已经决定大半的情况下，单纯技能方面的培养并不会让一个人在短时间出现过大变化。而软实力又决定了一个人的学习效果，可以这么说，设计师的核心竞争力，是"软实力+技能+思维"共同作用的结果。所以，一定要从小教育你的孩子好好学习啊（笑~），别让他们输在起跑线上。

2. 冰山模型

冰山模型是美国著名心理学家麦克利兰于1973年提出的一个著名的模型。所谓"冰山模型"，就是将人员个体素质的不同表现形式划分为表面的"冰山以上部分"和深藏的"冰山以下部分"。如下页图所示，其中，"冰山以上部分"是知识技能部分，包括基本知识、基本技能，是外在表现，是容易了解与测量的部分，相对而言也比较容易通过培训来改变和发展。而"冰山以下部分"是能力及天赋部分，包括价值观、性格特质和动机，是内在的、难以测量的。它们不太容易通过外界的影响而得到改变，但却对人员的行为与表现起着关键性的作用。

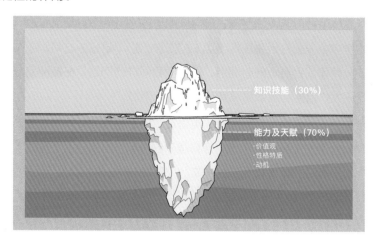

由冰山模型图我们可以发现，决定一个人真正实力的不仅仅是冰山浮在水面上的一小块，其水面下隐藏的部分，才是真正可以促进人的能力提升的一个很关键的因素。其中包含自我学习能力、个人驱动力、动机等很难在短期内改变的因素。

在大部分的专业招聘环节，面试官看重的也是一个人两种范畴的综合。举个例子，比如你是个初级设计师，技能水平目前并不高，但是具有潜力、可塑性，个人软实力高，则HR会认为你是个更容易被培养的优秀人才。

在互联网公司中，虽然大部分时候存在一种论调"知识技能"只要足够好，就可以找到更好的工作，但是过分偏科或者根基过于薄弱，则非常影响一个人的发展。比如前几年UI设计师非常抢手，供不应求，很多人便一股脑地涌入。但是随着热潮退去，用人单位更趋于理性，对人才的要求更高，那些涌入后有太多缺陷的求职者就会被淘汰。虽然水面底下的冰山无法通过短期培训获得，但是各位UI设计师需要有足够的重视，这是决定你长久发展很重要的一环。

3. 你为什么成长那么慢

作为一个UI设计师，如果觉得自己成长得慢，不妨从下面的角度来分析，看看这些现象，你存在多少？有的话就打钩吧！钩越多，说明你需要改进的越多。

☐　把设计只当成谋生的手段

☐　不勤奋，懒于动手

☐　勤于动手，但懒于动脑，不去独立思考

☐　过于跟风或排斥新事物

☐　自我学习能力差，过分依赖别人

☐　遇到问题第一想到的就是到设计师群里求助，而不是自己先找答案

☐　伸手党，对显而易见的资料或者问题不愿意自我思考或自我寻找

☐　缺少必要的基础教育，如美术设计领域的基础学习

☐　不愿意与人交流，羞于表达自己的观点

☐　审美（辨别美丑）能力差

☐　缺少同理心（尤其是面向用户和产品的思维）

☐　缺少良好的成长环境（例如，目前的工作环境不能让你成长）

☐　主观能动性差

☐　认为UI设计是艺术品，别人都不理解

☐　缺少自我包装与宣传意识

☐　设计浮于表面，缺乏深度思考

☐　软件至上论

☐　非汉化软件不用，排斥英文，不愿学习

☐　认为UI设计只是做界面的，其他设计不屑一顾

4. UI 设计师的核心竞争力

核心竞争力就是你比别人优秀同时别人又无法替代的能力。如果你的设计能力非常优秀，纵向能力或者横向能力出众，别人很难替代你，公司可能半年甚至一年以同样或稍高的薪资都招不到跟你一样的人，说明你是不能被轻易替代的。核心竞争力是一种个人的独特能力，区别于其他人，并且能够让你在职场中起到不可替代的作用。比如具备超强的技术研发能力、丰富的人脉资源，或是程序员里英语最好的、UI设计中懂产品的、逻辑思维超强等，

都算是你的核心竞争力。

专业的设计能力与审美素养

作为UI设计师，良好的设计能力是基础中的基础，你的设计能力最少应该在基准之上，并且融入自己的个性，形成特色，在别人眼中形成深刻的印象。同一套设计稿，大家可能在界面上都做的大同小异。但优秀的UI设计师善于在品牌塑造，产品角度去形成自己独特的观点，并用良好的版式展示出来，那这就是你比别人强的一点。

面向用户的产品思维

面向用户这个词说的已经有点滥了，但是我在这里还是想强调一下。如果你是个做车载系统的UI设计师，但是没驾照，也不会开车，那必然无法对产品的使用场景有更深的感悟和思考，自然无法做出令用户满意的设计。而假设你要负责滴滴打车司机端，但是却从没有观察过司机在行车过程中所关注的内容，以及深刻体会他们的使用习惯，产品大概率不会成功。如果你在做一个iPhone应用，但是却从来不用iPhone手机，或者还用着落后于主流系统四五年的手机，自然不会对用户现在的使用习惯有更好的理解。此外，我们还要理解一点，百分之九十九的用户并不是设计师，他们大部分关注的内容可能仅仅是，是否可以通过这个应用顺利地、流畅地完成自己的任务而已。所以，如何在"面向设计师""面向公司本身""面向用户""面向商业价值"之间做更好的权衡，才是设计师要去平衡的要点，如下图所示。

为公司及他人产生价值的能力

虽然谈到这个问题，大部分设计师可能要义愤填膺。我们反反复复在各种场合强调："设计是有价值的！请为设计付费！""不做免费设计！"但是对于普通用户而言，这种群情激奋的句子多少有点无力，如果用户无法感受到这种"价值"，那么就算喊破嗓子也无法获得认同。

　　这在很大程度上解释了为什么很多公司对于设计师的重视程度都极度不够。如果只是日常设计图、设计界面，那么这个界面到底对用户产生了哪些影响呢？很多职位的工作效果都可以用具体数字量化，比如销售额、点击量，那么设计师产生的价值如何量化呢？虽然这是很难实现的，但是我们有必要让这些效果更明确一点，比如，产品详情页通过改版，用户购买转化率提升了几个百分点，这就是设计的价值。或者说，你的设计解决了平台、外卖小哥和点餐用户之间的矛盾，这也是价值。思考一下，我们可以通过某种方式将自己的价值凸显出来。

开放的心态

　　当你站在更高的角度看问题，就会更加理解设计在整个商业过程中的作用和价值。反过来，我们要知道，设计仅仅是商业过程中的一环，我们更要从商业价值本身去理解它。虽然设计师为设计发声，是一件很好的事情。但是设计师需要以一种更开放的心态来看设计本身，如果用一种"我是设计我专业""我的设计听不得半点修改意见"的心态来对待这份"设计工作"，那么你的设计之路只能越走越窄。

> 🧑 静电说：冰山下的特质才是决定你是否有更大潜力和竞争力的核心。尝试通过多种渠道改变自己，让别人督促你，自己为自己制订改变计划，定期评估上边的表格，看看你的勾少了多少？加油！

01-03

UI 设计师必备技能分析

　　如果上一节讲到的核心竞争力可以被理解为UI设计师的"软实力"，那么设计技能和设计方法层面的"硬实力"也至关重要。在一个UI设计师刚入行的1~3年中，设计技能层面无疑占据最大的比重。可以这么说，UI设计师的"入门"门槛并不高，但是要精进却比较难。很多设计师在工作1~2年后会觉得提升"乏力"，其根本原因就是基础不牢，学习的内容只浮于表面。下面我们来一起看看，想成为一个更具有竞争力的设计师，需要掌握哪些必备技能。

1. 美学基础知识

要知道，不少设计师是半路出家的，所以在这方面，就比那些在大学四年中稳扎稳打的学习了这些基础知识的同学欠缺不少。要知道四年的学习是不可能通过一两个月、半年的"填鸭式"的学习补足的。因此不少科班出身的设计师会比半路出家的设计师更有后劲，基础更牢固，对美和设计的理解程度更到位。

那么，是否就意味着这些半路出家的设计师没有翻身的可能性呢？并不是！我们可以通过多种方式去补足这些知识，"三大构成"就是开始系统认知设计或者UI设计的第一步。"三大构成"包含《平面构成》（*The Plane Constitution*）、《色彩构成》（*The Color Constitution*）和《立体构成》（*Three-Dimensional Constitutes*），通过这三本书，我们可以在更高的理论层面来对设计有个系统的认知。

这三本书的核心就是"设计从构成开始"，而所谓的构成，就是点线面、色彩、立体结构、光、质感、图、文之间的排列、组合和衍生。这也是学好设计必读的理论性图书。而现在我们接触的UI设计，也是设计的一个分支。UI设计从平面设计衍生而来，注重版式、图文的组合排列、对比。所以，有平面设计基础的设计师会很容易转型到UI设计领域。

"三大构成"是所有设计师必须掌握的基础中的基础，也是核心中的核心内容。如果你觉得上升乏力，不妨读一读这三本书。如果还有时间，伊顿的《设计与形态》《康定斯基论点线面》，福兰可·惠特福特的《包豪斯》也是非常适合设计师夯实基础的著作，值得大家阅读。

2. 图形绘制能力

图形绘制能力是几乎所有设计师都必须具备的一项能力，如果说版式设计能力决定了UI设计师60%的能力要素，那么图形绘制能力则让你的技能分从60分精进到80分甚至更高。在设计过程中，我们不可避免地会绘制各种图标、人物等素材来丰富自己作品的视觉表现力。所以图形绘制能力的高低决定了职业发展过程中后期的表现。科班出身的设计师通常会在学校学习过程中有针对性地学习绘画技能，如何将这些绘画技能转移到电子屏幕上，成为更生动和具有潮流感的素材作品，是每个人都需要去考虑的问题，毕竟传统的绘画和移动互联网领域的绘画作品有不少区别。

而非科班出身的设计师则面临更大的挑战，诚然，现在扁平化设计大行其道，通过适当的训练都可以很好地绘制完成各种极简插画。但如何能在这些插画中融入自己的个性特征，绘制出有灵性、有特点的作品，是很多设计师欠缺的技能点。下页图所示的手绘风格插画是设计师视觉练习的重点，不妨花一些时间去夯实自己这方面的能力，这对成为一个有竞争力的UI设计师至关重要。不必过分担忧，这些插画大部分都是极简风，在熟练掌握钢笔工具的基础上，通过一段时间的临摹，每位设计师都能在这个方面做到足够出色。

3. 版式设计能力

在教学实践中，我们常常会发现一个问题，大部分UI初学者的问题都会出在版式设计上。所谓版式设计，几乎不涉及稍微复杂的图形层面，但是为什么很多设计师都会在这个环节出现问题呢？其原因就是对文本和图片（内容）的重要程度缺乏敏感度。一般来说，重要的内容更大、更粗，颜色更深，而次要的内容则更小，更细，颜色更浅。如果我们把UI上的所有内容比作出演电视剧的演员，那么，你是否可以辨别哪些是主角？哪些是配角？哪些是群众演员？哪些只是演员周边的衬托物呢？用这种比喻，我们便会对内容有足够的敏感度。也就是说，我们在做版式设计的时候（当然也包括UI设计），必须对要设计的内容有更深刻的认知，而不是为了好看而排版。这就是以"内容为中心"的设计理念。

要对用多大、多粗的文字或者图形，形成怎样的对比关系。一方面我们要认清"内容块"的概念，另一方面，初学者可以通过大量的临摹来增强对内容的敏感度。分享一个小诀窍，要测试作品中的内容块划分是否足够明确，我们可以在Photoshop中将自己的设计稿

2020
YEAR OF THE RAT

打上马赛克。如果能区分出内容块，则表示你的设计基本合格，如右图所示。

　　仔细观察下图所示的界面，先从分区入手，这些界面分为几个区域呢？区域之间是如何通过设计来让用户更容易辨别的呢？揭晓答案：大的留白、清晰的主次文字区分、卡片设计。这些都可以让你的版式更易于用户阅读，不致陷在文字海洋中迷失自我。

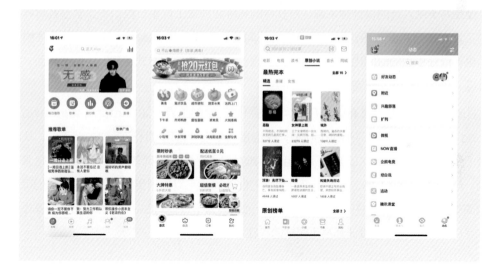

4. 工具应用能力

　　为什么我们将工具应用能力放在比较靠后的位置探讨？因为设计工具的使用是设计师最基本的技能，工欲善其事，必先利其器。工具可以说是每个设计师都要掌握的，这也是我们必须面对的门槛。一个连设计工具都不会使用的设计师是无法想象的，但是反过来，设计师最重要的工作，却不是设计工具。你可以把工具的掌握理解为帮你进入设计世界的大门，对，仅仅是大门。至于进去之后你要去向何方，则要看每个人对于设计本身的理解程度了。

随着移动端UI设计的兴起，设计工具和设计模式也在发生着巨变。在这个追求高效率和高质量的时代里，各种设计工具不断出现，不少设计师陷入"软件至上论"的怪圈，认为尽可能多地学习各种各样的新软件，才能让自己的设计技能突飞猛进。于是，追求各种神器、各种插件，希望所有操作能一键完成，计算机自动帮你设计好并导出来。但到头来才发现，你花了不少时间学习的工具不过是别人用来达成设计目标的一个过程而已。你辛苦寻找的各种神器，只会让自己的手和大脑都变得更懒。

因此，在工作中我们强调目标至上的观点。设计是一项讲求结果大于过程的工作，不管怎样的工具，最终顺利将设计稿输出展现在用户面前，才是至关重要的。你的受众不会因为你用了某"神器"而对你的作品刮目相看，设计质量的好坏很大程度上取决于你的"非软件技能"。

但是对于刚入行的设计师来说，对软件的熟练必须摆上议事日程。不少学习者对界面复杂的工具有天然的抵触感，那么我们不妨从简单的UI设计工具入手，即可以迅速摆脱生疏感，也可以在更短的时间内熟悉UI设计的流程，同时用简单的方式绘制出优良的界面，提升成就感，使后续的学习更有动力。

UI设计师学习的工具有以下几类，首先是图形绘制工具，如Sketch（Windows下有Adobe XD）、Figma、Photoshop，这也是当今设计师用得比较多的主流工具，从难易程度上来说，Sketch（XD）和Figma上手难度最低，操作最简单，Photoshop则属于万金油、巨无霸一类的工具，你不但可以用它们做UI，更可以处理更复杂的图形，我们可以在学习简单工具上手后尽快开始熟悉Photoshop，因为不管你对Sketch和Figma的操作有多熟练，Photoshop都是设计师不可或缺的存在，如下图所示。

可以迅速上手的UI设计工具　　　　提升与视觉进阶类必会工具

高保真交互类工具　　　　UI设计师加分工具

另一类是交互工具，在UI设计稿完成前，这类工具可以帮我们绘制低保真的线框图；而设计稿完成后，我们需要用这类工具将其处理成高保真演示原型。最常见的交互工具，可以统称为"连连看工具"，只需按照页面的顺序，将点击区域及目标区域进行连接即可。目前大部分的设计工具都提供了此类连线功能，如Sketch、XD、Figma等。当然，也有更复杂的工具，如Flinto、Principle及一些在线设计工具（如墨刀），都可以完成从设计稿导入到连线导出，最终形成可以在手机上真实点击的效果，这类工具的特色是做出更接近手机真实动作效果的演示，比如论坛图、下拉刷新、页面滚动等。我最常用的是Flinto，各位读者可以试试看。

第三类需要掌握的工具是进阶类的图形绘制工具，以Photoshop或者Adobe illustrator为代表。通常，我们希望使用这类工具完成界面中的一些图形化设计工作，如插画、字体、Logo设计，这些工作Sketch、Figma等工具就无法胜任了。而这类工具对设计师的绘图水平有更高的要求，所以不要单纯为了学习工具而学习工具，先要有设计需求，然后再用软件满足需求，才是正确的学习方式。

第四类为设计师的加分项，如动效（微交互）效果的设计、3D视觉等。这类工具有Adobe的After Effect和Cinema 4D，通常学习成本较高，需要花费更多精力才能有所收获。在学习重点上，如果你只是初阶设计师，或者刚刚入门，在基本的静态页面处理上都很难做好的话，舍本逐末地去追求这些只会让你成为"半瓶水"。不妨拿出大量时间将静态页面及视觉表现做到极致，再去学习这些也不迟。

不管如何，设计工具是为设计内容服务的，千万不要舍本逐末，关注设计质量本身才是设计师的提升之道。

5. 自我探索能力与自我学习能力

现在市面上各种教程与课程多如牛毛，我们可以很轻松地搜索到各类内容的教学课程，但是，对于学习者来说，刚开始学习就想到去依赖别人现成做好的内容，无异于让自己的主观能动性变得越来越差。

而自我学习能力则是考量个人在对于新事物认知上是否灵活和迅速的很重要能力。下面有几道选择题，回答一下，看看你的日常表现属于哪种？

Q01：你已经熟练掌握Sketch的使用，现在有一款新工具Figma，你很想去学习一下，这个时候你会怎么做？

☐　百度一下Figma，先看看它是什么，在官网上了解一下。

☐　百度"Figma教程"，找现成的视频教程开始看。

☐　打开软件操作界面，尝试去了解各个菜单与工具。

☐　阅读软件官方文档并自己亲自去操作试试看。

☐　发现界面和功能与Sketch有点像，试着用Sketch的思路去操作试试看。

Q02：你是一个UI设计师，之前只做过手机端App界面，突然有一天公司给了你一个任务，让你来负责产品的官方网站Web页面，但是你之前从来没做过网页……

☐　打开潜水好久的QQ/微信设计群，发言问大家："网页设计要用多大的画布，用什么字体，多少号字体啊？"

☐　搜索"网页设计教程"，找现成的教程学习。

☐　先试着去分析哪一类的显示器屏幕的分辨率是用户使用最多的，通过观察和大数据的搜索，总结出一个合适的设计尺寸宽度，并建立画布，开始尝试性设计。

☐　通过观察，自己找到PC端网页设计与移动端界面设计的异同点，根据这些规律总结出自己的方法。

选的对钩越靠后，表示你有更多的自我探索能力和自我学习能力；而越靠前，表明你在自我学习上没有太多的积极性，你可能只是想找现成的、别人准备好的知识来利用。

虽然这些行为都代表你有欲望想去学习，但是在学习效率和学习质量上，它们相差太多。自我探索能力和自我学习能力更强的设计师学习质量更高、学习效率更快，特别是碰到一些之前从没有见过的未知事物的时候，能更快地适应它们并为自己所用。而自我学习能力较差的同学则相反，会比前者慢半拍，甚至更多。所以在竞争力上就显得优势不足。未来不确定的事情越来越多，新鲜的、未知的事物随时会出现，不可能每个都有现成的知识文档，所以试着做自我驱动型设计师吧！说白了就是"会学"，而不是"学会"。

静电说：大部分的设计师小伙伴都是勤奋好学的模范，但是想在激烈的竞争中脱颖而出。片面的被动学习是没有太大效果的，不妨来一个从"学会"到"会学"的思维转变。

UI 设计师的思维和方法论

如果说设计技能决定设计师的根基，那么思维和方法论则是UI设计师突破提升瓶颈的关键。很多设计师发现自己在工作2～3年后提升乏力，之前那种研究某种技法的新鲜感，逐渐在不断"改改改"的操作中消耗殆尽。网络上流传着不少设计师吐槽甲方，吐槽产品经理或者需求方的段子，也有很多设计师在这种自嗨中负能量满满。但是，我们可以想一想，问题到底出在哪里。在这个现象中，问题很简单，无非是需求方与执行方认知的差异化，想当然。这也是站在不同角度看问题所存在的必然现象。也许你可以诉说你眼中的"甲方"的不专业，其实，"甲方"也在吐槽着你没有做出他们想要的产品。对于设计师来说，关注设计稿的美观无可厚非；而对于甲方来说，更关注通过这个设计，他们会获得多少用户，活动效果会不会好，转化率会不会高，自己花出去的钱是否产生了效果。所以不要以为花钱的主是好当的，甲方同样承担着巨大的压力，一旦他们付了钱但最终拿到的设计没有获得良好的效果，那么这个甲方同样可能会被"炒鱿鱼"。所以，大家都很难，不是吗？

要改变别人很难，那么不妨先从自身去改变。在这里我想要强调的一点就是"面向用（客）户"的设计思维。这种思维其实不仅仅在做设计时会用到，在准备简历的过程中同样用得到。想象一下，如果你投出去一份从网上下载的、连改都不带改的简历模板，那么这份简历到底能否吸引面试官呢？也许面试官每天看几十上百封简历已经看到眼睛生茧子了。所以，不妨多站在对方的角度考虑一下，他们最想要什么？最希望得到什么，然后再去设计。

因此，设计师所要做的，或者提升的关键，就是多一些"同理心"[①]，少一些吐槽和抱怨。这才是你摆脱瓶颈的关键所在，如下页图所示。

---

① 同理心（Empathy），又称作换位思考、神入或共情，指站在对方立场设身处地思考的一种方式，即于人际交往过程中，能够体会他人的情绪和想法、理解他人的立场和感受，并站在他人的角度思考和处理问题。

1. 面向用户（客户）的设计思维

首先我们要明确一点，设计师不是艺术家，可以随心所欲地"创作"，大部分是面向商业服务的。也就是说，你做的设计、产品，需要被用户认可、被用户买单，才能产生价值。虽然设计师很多时候和开发工程师都被定义为"技术岗位"，也是跟用户接触最少的（相反，工作流中越靠前的岗位，和用户接触的概率越大，比如产品经理、运营、客服等），因此很多时候我们感觉产品经理、运营等提出来的设计需求匪夷所思，就是我们没有站在他们的角度去考虑问题的结果，也许他们只是通过自己在接触用户或者客户时的感受提出了一种解决方案，但是设计师并不知道设计背景是什么，需要解决什么问题。因此就会设计出跟需求者设想的方案完全不一样的内容，最终不断被返工，造成了双方矛盾激化。双方相互吐槽，在工作过程中痛苦万分。

除了"同理心"，我们还必须具有面向全局的设计思维，有时候，用户想要的并不是100%正确的，我们必须去挖掘用户需求背后的深层次心理动机，进而更好地满足这种动机，所以我们再次回忆上文提过的冰山模型图片，可以看到，用户大部分是盲目的、表象的，浮于水面上的部分大部分只是"假象"，我们需要用一种面向全局的设计思维来进行考虑。

所以，对于我们UI设计师来说，要有深挖需求、寻根究底的能力。比如，产品经理提了一个需求：我们的应用首页要改版，然后扔过来一个低保真原型图。在这个时候，设计师应该怎么做呢？正确的做法不是直接打开设计软件开始画图，而是先就原型图进行讨论，收集信息并思考。相关问题包括但不限于：

（1）为什么要做这个首页的改版？

（2）之前的页面存在哪些问题呢？

（3）用户对于老版本首页的点击和关注热点区域在哪里？

（4）做这次改版的大背景是什么？

（5）对于视觉设计方面，有哪些预期和期望？

......

如果你能在做设计之前养成追问这些问题，了解设计背后的故事的习惯，那么恭喜你，你已经开始养成"面向用户（客户）的设计思维"。不妨在这些方面下点功夫，相信你之前的很多执念都会迎刃而解。

2. 拯救设计师的"方法论"

如果我们把设计师比作感性思考的动物，相信没有人会提出异议。但是正是这种"感性"，让我们在设计工作中变得无据可寻。而没有任何论据支持，单纯地以"我认为""我觉得"等方式来表达自己，在业务陷入争论的时候，你将无疑处于不利的境地。这也就是设计师为什么总是在吐槽自己的设计作品总是被"改改改"的另一个根源所在，如下图所示。

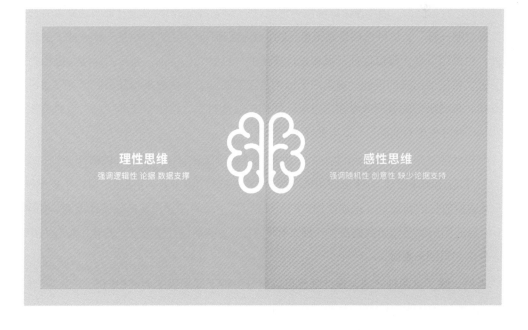

互联网瞬息万变，大部分情况下，无法去预知用户对于你设计的产品的反馈。有时候我们一厢情愿地觉得，这版式设计太棒了！用户一定会喜欢！但结果却是，用户反响平平。而有时候却恰好相反，没有花太多精力做的设计反而受到了用户好评。

一切是那么捉摸不定，而这种捉摸不定，不知道正确答案的设计，却最容易在产品设计

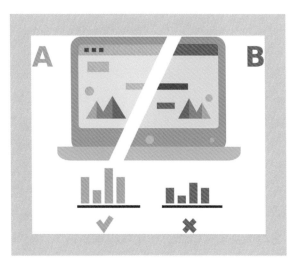

和开发团队中引发争论。有些人说，这种方案好，有些人支持另一种。在这种僵持不下的情况下，我们不妨用数据说话，通过实际投入用户群的反馈来决定，哪一种是最优方案。这就是灰度测试和A/B Test的由来，如左图所示。在设计稿有争论的时候，这种方法最有效，可以让我们可以摆脱无休无止的无意义讨论。

我们需要做两套设计方案，并分别投放在一定量级的渠道中。通过在产品中埋入统计数据点，对比用户对哪种设计的反馈效果更好、数据更优。请注意，最终我们需要通过数据说话，而不是大家经常会犯的一个错误，即做出两套设计稿，让同事去选择"我喜欢哪一套"。这种选择是毫无意义的，请特别留意。A/B Test是一种低成本的试错方式，也是可以最大限度保证产品和设计安全的一种方式，否则，当我们耗费大量精力，给予极大希望做出来的设计，被用户无情地否定的时候，一切都来不及了。也可以通过这种方式，来说服你的客户或者需求方来认同你的设计方案。这比单纯地大喊"请尊重设计师！""我才是更专业的！"效果要好上几百倍。

而灰度测试则是A/B Test实施的一种形式。继续举例：比如你设计的应用分别在A、B、C、D应用市场投放。A和B应用市场用户相对较少，但也有一定量级，可以小规模在A和B渠道投放你的新设计，来观察用户的反馈情况。而C和D渠道保持原设计不变，如果A和B渠道的用户反馈调研数据占优，那么标明A和B上的新设计是可以"安全"地投入市场的；反之，打回来重做。

当然，除了这两种方法，设计师也可以展开多种不同规模的测试和调研，借助问卷调

查，大数据来支撑你的设计，让需求方看到你的设计所带来的效果。没有什么比这种方法可以让你的设计稿更快通过的了！

静电说：当然，让设计有理有据的方式还不只这些，比如在展示设计稿的时候，用情绪版、图片、文字等方式展示设计思路与设计推导过程，也是一种很棒的方式。总之，尽可能让感性的设计理性起来，以理服人，你才能摆脱无休止的"改改改"，拯救自己。不妨在自己的工作中开始行动起来吧！

02

从软件开始
放飞自我

如何选择适合自己的 UI 设计工具

1. UI 设计学习者的工具学习路径

在如今，设计工具越来越多，让广大初学者眼花缭乱，无从下手。很多初学者都会产生这样的疑问，作为入门工具，我该如何选择？需要说明的一点是，在UI设计师逐步进阶为复合人才的背景下，软件的利用也越来越复合，单一软件已经无法完成整个UI项目的制作。因此，我们不妨从一些简单的工具入手，让自己更快速地获得学习成就感，进而再进阶到较复杂的工具，从而完成自身的提升和进阶。

目前从实践中，我们发现，阻碍学习者学习的一个很大动力是电脑系统，Mac电脑对于UI设计具有天生优势，不少业界通用的设计工具只有Mac版本。但是，Windows用户也有很强烈的UI设计学习诉求，那么我们不妨从Figma学起，因为Figma是基于网页的，只要打开网页，即可进行流畅的操作，对电脑系统没有要求。另外，Figma的操作逻辑与Mac下常用的UI设计工具Sketch非常类似，所以通用性很强，后期方便设计师在不同的工具间随意切换。可以说，Figma解决了系统兼容性问题，符合未来云应用的大趋势，是一个非常具有潜力，也越来越被广大设计师接受和认可的工具。

不同操作系统平台的学习者，UI学习路径稍有不同，主要依据各个平台所支持的软件而有所区别。依据由浅入深、层层进阶的学习方式，我们为正在阅读本书的你做了学习路径的规划，这是我们在教学实践过程中为大家推荐的UI设计师学习路径的最优选择。

Windows平台的用户学习推荐路径，如下图所示。设计师可以首先从Figma入手进行UI的排版工作，这是UI设计师最核心的能力，虽然在Windows中没有大名鼎鼎的Sketch，但Figma同样可以代替它，快速高效地协助设计师来完成这方面的工作，从而让设计师有更多的时间来思考如何将UI做得更好。另一方面，图形绘制能力也是UI设计师在进阶过程中应该着重去掌握的项目，这项目Adobe系列的相关工具完全可以胜任。同时，UI设计师所关注的交互逻辑及高保真动效设计，则可以借助Protopie及现在广受欢迎的墨刀等工具完成。

如果你有一台Mac电脑，那么对于UI的学习将如虎添翼。相对于Windows系统，Mac系统中有更多的设计工具可供选择，效果也更好，推荐的学习路径如下图所示。但是核心工具大同小异，图形能力和UI的排版能力都是重中之重，所以大家大可不必为自己的电脑系统发愁。

2. 一切为我所用：正确认知使用工具的目的

对于任何职业，特别是设计师，使用软件是为了解决设计问题，所以对于任何工具，我们都要抱着一颗开放的心，发挥其优点，摒弃其缺点，将多种工具的优势相结合，最终呈现出满足设计需求的作品。切不可只盯着一个工具，就算这个工具不善于某些方面的设计，也一定要用这个工具完成，那最终的结果就是赔了夫人又折兵，不值。比如Figma的强项是快速完成UI排版与设计流程之间的协作，那么如果你一定要在Figma中绘制插画，那可能就有点不太明智了。

下面简述一下不同工具的优缺点，如果你是刚接触UI的小白，可以综合参考。以下这些工具，都是我建议UI学习者使用的工具，学习的时候，遵循先易后难、循序渐进的方式即可。

Figma

优点：无须安装客户端，没有操作系统限制，打开网站即可开始设计，操作简单，上手容易，兼容性强，可以轻松导入多种格式如Sketch、XD等文档，且设计效率高，操作顺滑。便于分享与协作，自带标注工具插件，便于后期开发工程师协作。

缺点：图形绘制功能较弱，工具较少。当文档较大的情况下，打开速度稍慢。

Sketch

优点：涵盖UI设计的方方面面，功能相对完善，可以绘制一些不太复杂的矢量图形。软件上线时间较长，插件相对较多。

缺点：仅仅支持Mac平台，Windows用户无法使用。且无后续Windows系统开发计划，对于多平台用户不友好。

Adobe Photoshop

优点：老牌的巨无霸级别图形设计工具，适合图像处理及复杂图形绘制。功能完善复杂。

缺点：功能繁杂，上手难度大。其操作模式不适合用来做UI设计，后期设计稿交付时对接困难，用作UI设计，效率低。

Adobe illustrator

优点：同样是老牌的巨无霸级别的矢量图形设计工具，适合复杂图形绘制。功能完善复杂，适合用来做图标及插画。

缺点：功能繁杂，上手难度大。因其没有专为UI设计开发功能，不适合用来做UI设计。

Adobe After Effect

优点：老牌的视频动画制作工具，在UI设计领域中焕发了新生，After Effect适用于一些微交互、动画效果的制作。由于采用了时间线的工作模式，所以比较适合动画的细节处理和打磨。

缺点：只能输出视频文件，无法进行手势交互操作，传播不方便。

Principle与Flinto

优点：Mac平台下流行的两款动效工具，Principle结合时间线，擅长做一些转场效果和微动效。Flinto适合做将整个应用穿起来演示的效果，并可以在手机上操作。

缺点：目前市面上的可视化交互工具或多或少存在问题，不少交互效果很难实现。另外，这两款工具仅仅支持Mac系统。

Protopie

优点：Protopie适于Windows和Mac全平台，也是Windows用户比较好的高保真UI动画解决方案。同样可以手机端展示及交互。

缺点：虽然没有代码，但学习成本稍高。一些效果同样无法实现。

3. 顺应设计及工具发展趋势

从之前的Photoshop，到XD、Sketch以及Figma，UI设计工具现在已经不是一家独大，而是呈现出百花齐放的态势。在前几年，Sketch一直凭借着优秀快捷的设计体验统治着UI设计领域，而随着软件上云，疫情影响，工具具备完善的协作功能，无端化已经成为另一个趋势。Figma的核心优势并不仅仅是云工具，更重要的是它与客户端别无二致的操作体验及相对完善的工具及格式支持，这才成为它越来越受欢迎的主要原因。

另外，某个软件使用的人数决定了它自身的生态环境，如果整个行业都在使用某款工具，而你选择了另一款，那会对协作带来非常多的不便，你无法融入总生态环境中，在UI设计领域中的发展也就无从谈起。

那么，不妨先人一步，从现在开始熟悉Figma吧！

静电说：UI设计师多种媒体形式的聚合，包含排版、广告设计、视觉设计、插画设计、视频等多种形式，因此，善于将不同的工具结合使用，并运用到真实的应用中去，一切为我所用，最终达到设计目标，那就是最棒的设计。不要局限于某种工具或者某种效果，如果这个工具无法达到你想要的，那就大胆换一个工具。

Hello 新朋友——初识 Figma

扫码看本节视频

1. Sketch 颠覆者，Figma 介绍

首先给Figma下个定义。Figma是一款基于Web的UI设计工具，你可以在任何操作系统中使用。当然，它也有客户端，至于是不是套壳应用，还真不好说。Figma同样是基于画板（在Figma中叫Frame）的设计方式，设计师可以在这个工具中完成常用的UI设计工作。除此之外，由于是在线Web形式，因此协作功能更是不在话下了，分享也更加方便。

其实Figma从上线到现在也有四五年的时间了，并且在一步步地完善。如果用几个字来概括它的体验，那就是"如丝般流畅"。如何来使用Figma呢？只需简单地打开浏览器，输入（网址www.figma.com）即可，如下页第一幅图所示。

单击页面中的"Try Figma for free"或右上角的"Sign Up"按钮即可创建一个账号，开始免费使用了。请放心，Figma的大多数功能均为免费，其部分协作功能会收取费用。但是其免费版已经足够好用了。

2.无须安装，使用体验如本地工具

　　首先，Figma无须安装，打开网页即可使用。它快速、强大。而且，本地应用该有的工具它都有，比如钢笔、矢量路径绘制、样式、元件、文本编辑、画板等，如左图所示。

　　首先非常值得一提的就是Figma中的钢笔工具，其中加入了方便设计师操作的特性，并且简化了钢笔操作，比如，你可以轻松使用钢笔来绘制一个扇形，或者圆弧，这在其他工具里是很麻烦的一件事情，但是Figma可以轻松做到，如下页前两幅图所示。

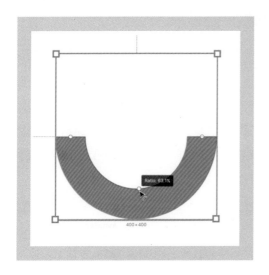
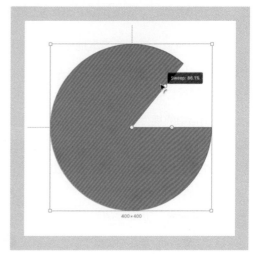

3. 支持自动布局

　　另外，就是设计师们非常关注的自动布局（Auto Layout）。要知道现在手机屏幕的宽度大小不一，元素随着文本或者屏幕宽度即时调整就显得非常必要。Figma中的自动布局可以随意伸缩嵌套元素的宽度和高度，调整它们的位置，并保证其他元素不会发生形变，完美地自动排列。如下图所示，拖动对话框即可进行自动布局，对话框会随着输入文字的增加而扩大，不会发生错位现象。

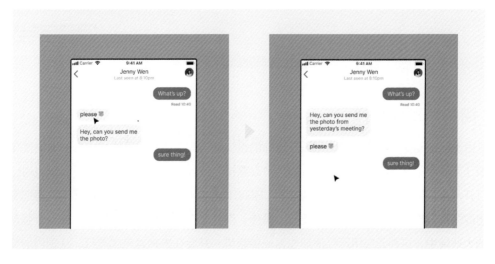

4. 海量插件，无须担心兼容性问题

其次，Figma与传统的本地化应用不同，它提供了海量的插件，而这些插件不用下载到本地电脑，只需在插件界面开启，即可进行使用，所以你不用担心发生插件随着版本更新而无法使用情况，等等。就像你使用软件内置的原生功能一样。

Figma中的插件种类非常多，如用户头像填充、信息标签内容填充、流程图绘制、图表生成、图标库、色板，甚至3D样机插件都包含在内。目前在Figma中约有几万个插件可供选择，并且它们的兼容性非常棒，如下图所示。

5. 简单分享和协作

由于Figma是一款云应用，所以分享你的设计稿与其他团队成员协作会变得非常简单，在设计完成后，产品经理和其他团队成员可以直接在设计稿上进行批注，开发人员也可以直接打开网页，轻松地将你的设计稿转化为CSS、iOS或Android代码。设计师无须再把文件导出成图片等格式进行分发，只需要一个操作，那就是在浏览器中打开链接。在当今强调效率的大环境中，这种云应用已经逐渐成为一种趋势，并会在未来越来越流行。从国内的交互

云应用墨刀，到最新版本的Figma，工具Web化给我们所带来的便捷正在逐步到来。

6. 完善的高保真交互原型创建功能

在Figma中，提供了所见即所得的高保真交互原型创建功能，只需简单地进行连接操作，就可以在浏览器或者手机中展示自己的高保真交互设计稿，如下图所示。Figma的交互功能可以做到几乎所有常见的页面交互效果，而且无须代码。值得一提的是，Figma中支持智能动画（类似同类软件中的神奇移动效果），另外也对Gif动画提供完美的支持。这给我们创建交互效果提供了更多可能性。

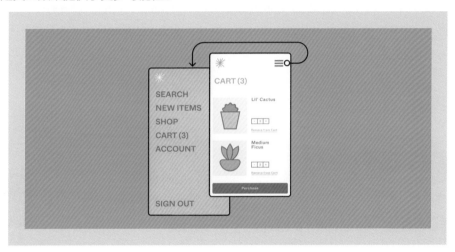

7. 组件功能，让团队中的所有成员保持统一

组件功能是UI设计工具的核心，组件本质的思路就是原子化设计，将UI界面拆解成不同的"零件"，使用的时候，再将这些零件进行"组装"，组件化设计能最大限度地保证UI设计稿中的各种复用元素的统一度，提升设计效率，特别是在团队协作的情况下，组件化设计会让所有人的设计保持统一。Figma中也提供了完善的组件及组件库，当你需要更改一个复用元素的时候，只需要修改这个组件，其他元素也会随之变化，不用逐个调整了，如下页图所示。

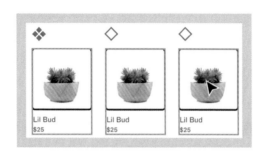

静电说：据统计，目前已有越来越多的知名产品的设计团队开始转向Figma来完成设计，包括推特、沃尔沃、微软、Dribbble、Dropbox、Github、Uber，国内的一些大厂也开始进行从传统的设计工具转型，顺应趋势，迎接新变化，让你的设计之路走得更远。现在就来试试看吧！

02-03

Figma 基础操作详解之界面篇

扫码看本节视频

1. 如何使用 Figma

无须下载安装，只需简单地打开浏览器，输入网址www.figma.com，随后，你需要注册一个账号来开始使用。

2. 认识 Figma 的操作界面

登录后，我们就可以看到Figma的欢迎页面。页面中部是Figma预置的体验文件，你可以单击进入后直接开始Figma的体验，当然这里也会保存你最近工作的文档。左侧的菜单分别是

Search（搜索）、Recent（最近）、Plugin（插件）、Drafts（草稿），如下图所示。再往下是项目，也就是说通过这个项目，你可以邀请其他人一起加入来完成同一个工作。

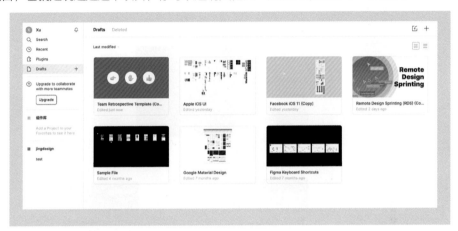

插件选项中有非常多的插件，足以满足我们的日常工作需求，如下图所示，关于如何使用插件，以及常用插件推荐，我们随后讲解。

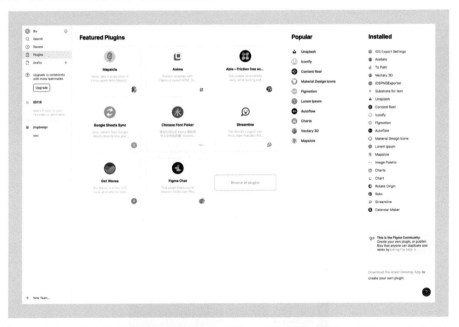

接下来我们单击欢迎界面右上角的New File，开始我们的第一个Figma文件设计。此时，在新建文件的界面（如下页图所示），Figma贴心地预置了常用手机尺寸的空文档以及一些范例文档，我们先从创建空白画布开始，单击Blank Canvas。

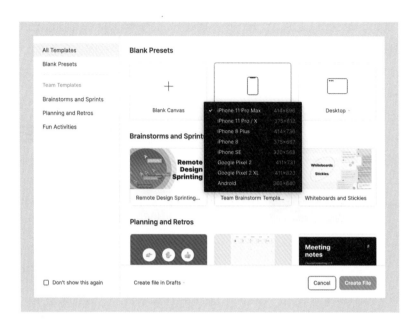

如下图所示就是Figma的工作界面了。默认情况下，中间的工作区域是灰色的，我们可以在右侧的Background选项中，自行修改颜色。先从上边黑色的工具栏看起，Figma的工具栏非常简洁，只有为数不多的icon。从左到右分别是：菜单栏、选择箭头、画板（Frame）、图形工具、钢笔（矢量工具）、文本工具、拖曳工具、注释工具。右上角则显示你的用户名、分享按钮及画布缩放比例。

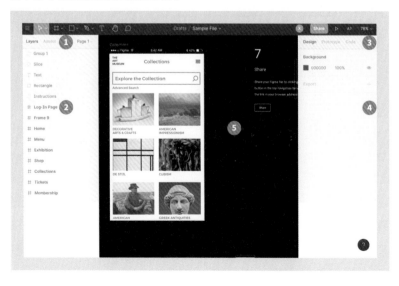

　　其中左上角的菜单按钮（汉堡包菜单），包含了Figma所有的功能项目，如下图所示。几乎所有关于Figma的操作都可以在主菜单中找到。点击菜单中的Back to Files选项，则会回到欢迎界面，也就是Figma的文件选择界面。关于菜单，我们在熟悉完Figma的界面后详细讲解。上页图的区域①可以切换图层以及组件选项卡，右侧的Page则可以在一个Figma文件中嵌入多个"画布"，一个Page就是一个操作界面。区域②为图层列表或组件（Assets）列表或Page列表，依据选项卡不同而有所变化。区域③的三个选项卡分别为Design、Prototype和Code，在Design选项下，区域④为当前选中元素的属性调节（属性检查器）；在Prototype选项下，区域④是交互原型设计面板；在Code选项下，区域④显示开发工程师开发此UI界面所需要的代码，Figma可以自动将元素转化为iOS、CSS或Android代码，方便开发工程师随取随用，如下页第一幅图所示。

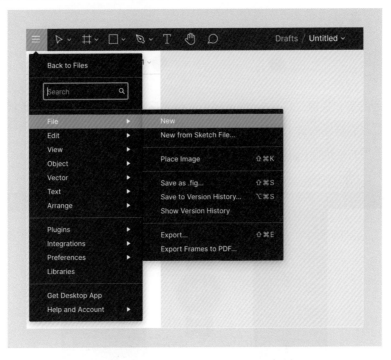

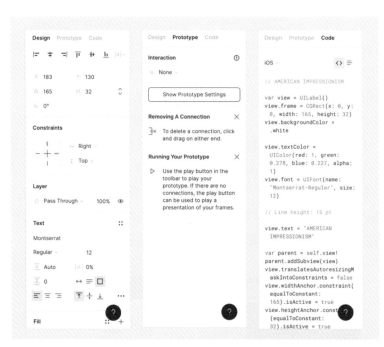

需要注意的是，快捷工具栏中部的Drift/文件名区域，其内容会随着你选择的元素不同而发生变化。当你选择的某个元素有扩展属性的时候，这个区域的内容则展示当前的扩展选项，以便我们更方便地操作和调整，如下图所示。

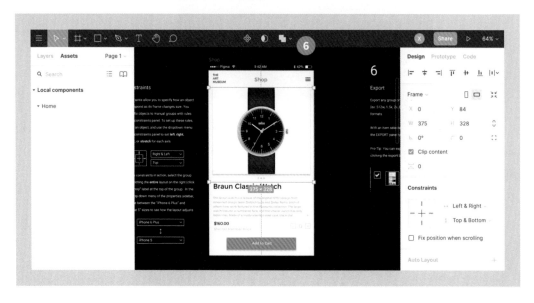

静电说：Figma的界面是不是非常简洁？上侧为快捷工具栏，左侧为图层列表，中间为工作区域，右侧为属性检查器。和我们常用的其他设计工具毫无二致。不少工具的界面都有共通性，只要找到其中的套路，善于总结，使用起来是非常容易上手的。

Figma 基础操作详解之工具篇

认识了Figma的主界面后，我们一起来熟悉一下Figma的常用工具，Figma中的工具并不是特别多，相信你可以很快搞定它们。

扫码看本节视频

1. 移动工具与缩放工具

单击Figma界面的新建文件按钮后，我们就会看到一个默认的新建文档如下页第一幅图所示。在右侧的属性检查器的Design Tab中，我们可以根据自己的喜好修改工作区的颜色及颜色透明度。第二个Tab是Prototype，也就是原型设计功能，由于我们现在的设计稿中没有内容，所以这个功能随后再讲。

在Figma中，移动是有专门的快捷键和工具的，它就是左上角工具栏的默认箭头，快捷键是V。这应该是我们用到的最多的工具了，大家有必要记一下它的快捷键，毕竟我们需要随时从其他选项中切换到选择箭头。需要注意，Sketch中钢笔的快捷键是V，这点和Figma不同，千万不要搞混了。

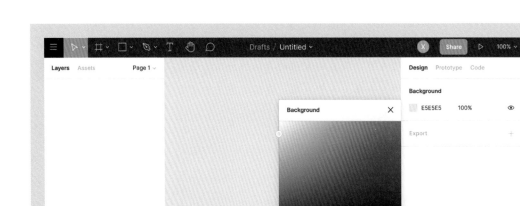

下一个工具则是Scale，也就是大家常说的缩放，它的快捷键是K，如左图所示。很多

设计师喜欢直接拖动图层选择框进行缩放，这个是最简单粗暴的，但是这个工具为什么会存在呢？举例说明。下图中"原图"是一个绘制好的圆形，描边为80px。分别使用直接拖动缩放和Scale工具缩放到314px的直径，看到它们的区别了吗？也就是说，Scale是严格等比例缩放，而直接拖动缩放则是保持描边数值不变来缩放。因此，如果有描边或者线条的情况下，建议大家使用Scale缩放，否则会引起不必要的麻烦（这个技巧和Sketch是一样的）。

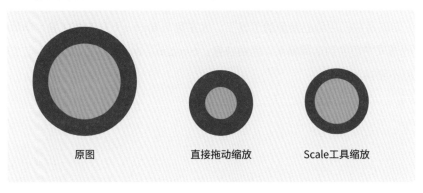

原图　　　　　　直接拖动缩放　　　　Scale工具缩放

2. Frame 与切片工具（Slice）

扫码看本节视频

  Figma同样是一款对于UI设计很友好的应用，新建文件操作与PhotoShop有很大区别，PhotoShop是一个默认尺寸的画布，只能在画布上工作。而Figma则是默认展示一个工作区，我们可以在这个工作区上随意绘画。但是如果你要设计UI界面或者其他页面，在工作区上放个画板是个不错的选择，Frame就是Figma

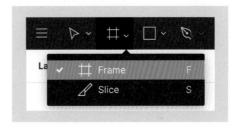

中的画板（Artboard）。快捷键也由之前Sketch的A改为F（快捷键是不是已经记不住了？记住Frame的首字母就好了，小提示，其实按A键也可以创建Frame）。如右图所示，按快捷键F，在右侧属性检查器中即可选择Figma预置尺寸的画板，种类还算齐全，主流设备都能找到，同样

道理，手机端是一倍图尺寸（标准手机分辨率除以2或者3），如下图所示。有人可能会问现在能自定义常用画板尺寸吗？现在好像不可以。如果你想快速创建一个画板，按下快捷键F后直接拖动或者双击工作区空白处就可以了。请注意，创建的画板可以调整背景色，甚至可以设置为透明，如下页第一幅图所示，右侧的Frame被设置为透明了。

▾ Phone		▾ Tablet		▾ Desktop	
iPhone 11 Pro Max	414×896	iPad mini	768×1024	Desktop	1440×1024
iPhone 11 Pro / X	375×812	iPad Pro 11"	834×1194	MacBook	1152×700
iPhone 8 Plus	414×736	iPad Pro 12.9"	1024×1366	MacBook Pro	1440×900
iPhone 8	375×667	Surface Pro 3	1440×990	Surface Book	1500×1000
iPhone SE	320×568	Surface Pro 4	1368×912	iMac	1280×720
Google Pixel 2	411×731				
Google Pixel 2 XL	411×823	▾ Watch		▾ Paper	
Android	360×640	Apple Watch 44mm	184×224	A4	595×842
▾ Social Media		Apple Watch 42mm	156×195	A5	420×595
Twitter Post	1012×506	Apple Watch 40mm	162×197	A6	297×420
Twitter Header	1500×500	Apple Watch 38mm	136×170	Letter	612×792
Facebook Post	1200×630			Tabloid	792×1224
Facebook Cover	820×312				
Instagram Post	1080×1080				
Instagram Story	1080×1920				
Dribbble Shot	400×300				
Dribbble Shot HD	800×600				
LinkedIn Cover	1584×398				

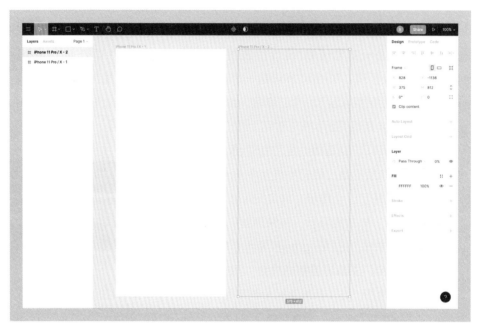

　　请注意，Figma中的Frame是个很特别的存在，它并不是我们认为的画板（Artboard），在Figma中，画板可以调节的属性非常多，除了颜色与透明度之外，我们甚至可以给它加上描边（Stroke）、阴影和模糊效果，如下图所示。

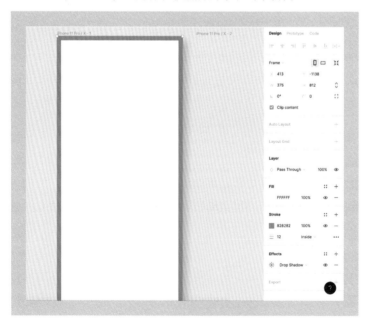

接下来是切片工具,英文名是Slice,所以快捷键是S,这个诀窍要记住,很多快捷键都可以通过记住英文搞定。切片工具可以将你选定区域的所有内容导出。意思就是,虚线区域内的所有内容都会被导出。包含工作区域的背景色,比如下图,默认是灰色的背景依然会被导出(这点和Sketch不一样,Sketch在工作区非画板导出的话,是透明的)。如果想要避免这种情况发生,可以把Figma工作区的背景色设置为透明。

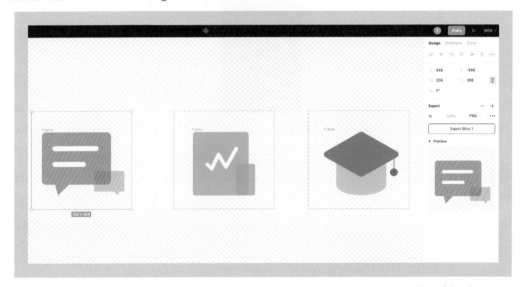

另外,如果你有多个切片,那么全选这些切片图层,然后在右侧属性检查器中导出,Figma将默认用打包压缩的方式导出。在Figma中,使用切片工具,可以导出PNG、JPG、SVG、PDF格式的文档。

其实按照Figma的逻辑,Frame已经可以包含slice功能了,所以这三个icon我们可以放在Frame里,并把Frame颜色调整为透明,这样就可以一键导出。看到这里,我觉得Slice的作用好像弱了不少。

我们甚至还可以把普通的图层通过菜单直接转为Frame,比如,我们可以把下页图所示的区域通过执行右键菜单Frame Selection转化为独立的画板,这个时候问题就解决了,这个透明Frame直接导出的图就是透明的。

扫码看本节视频

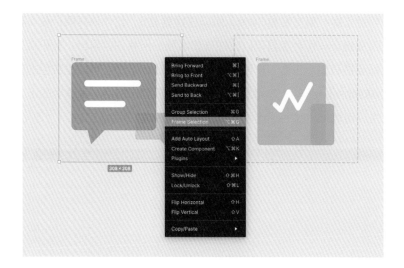

静电说：在Figma中，Frame是个非常灵活的存在，在图层中使用#来表示。如果有需要，你可以把任何元素或者图层转化成Frame，并且，Frame支持嵌套操作，你可以在一个主Frame中进行无限嵌套。但是，在没有必要的情况下，还是选择用组（Group）来整理图层。

3. 图形绘制工具

在Figma的下拉工具栏中，可以找到图形工具的身影。图形工具分为：Rectangle（矩形）、Line（线条）、Arrow（箭头）、Ellipse（圆形）、Polygon（多边形）、Star（星型），以及Place Image（图片置入），如下图所示。

扫码看本节视频

对于这些基础图形而言，相信大家绘制出来都不成问题，不按Shift键绘制不规则的形状，按住Shift键则绘制规则的正方形、正圆形等，如下图所示。建议大家记一下这些图形的英文名称，就可以很容易地记住快捷键了。

接下来看看每种图形的属性检查器都有哪些内容。其实对于每种图形来说，属性检查器的内容大同小异。如下图所示。

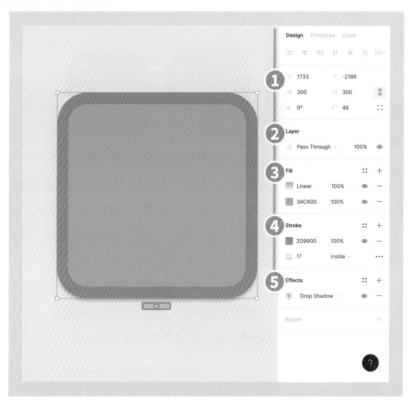

区域①：图形坐标、宽高、旋转角度，以及圆角。需要注意一点，单击左下图箭头所指按钮，可以分别设定每一个角的圆角数值，这样是不是很方便？同时单击左下图右下角的"…"按钮，则可以调整圆角的平滑度。对于iOS图标，默认的平滑度约为59%，如右下图所示，如果你希望图标更加柔滑，可以将平滑度设置得更高一点，从而表现出不同的视觉效果，如下面第三幅图所示。

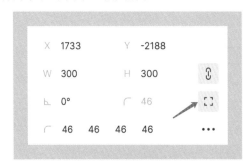

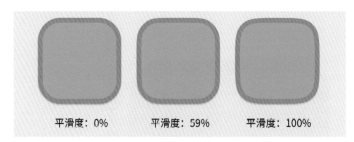

区域②：图层叠加选项，几乎所有的图形处理工具都有，在图层叠加选项中，可以调整图层透明度。尝试不同的图层叠加选项，会使多个图层之间的颜色表达出不同的效果。

区域③：填充选项，与Sketch一样，可以对一个图层赋予多种填充，并赋予透明度等。只需单击Fill右边的加号即可添加填充。

区域④：描边选项，同样可以添加多个描边。请注意描边选项中的三种描边位置，分别是内描边、居中描边与外描边。需要注意的是，当选择outside或者center描边，那么这个图形的实际尺寸比属性检查器中的要大，毕竟描边厚度也要算上。如下页第一幅图所示。

区域⑤：效果选项中分别为Inner Shadow（内阴影）、Drop Shadow（外投影）、Layer Blur（图层模糊）和Background Blur（背景模糊），效果如下页第二幅图所示。请注意，背景模糊必须保证图层填充颜色为半透明才可以。

扫码看本节视频

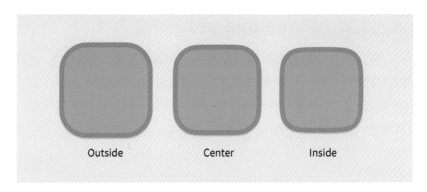

另外，你一定会非常喜欢Figma的这个小功能，调节圆角非常方便。圆角也可以分别控制，只需要拖动图形边角位置的圆点即可。使用这个功能，可以将Figma中内置的形状进行任意创作，变化出多种独特的图形。如下图所示。

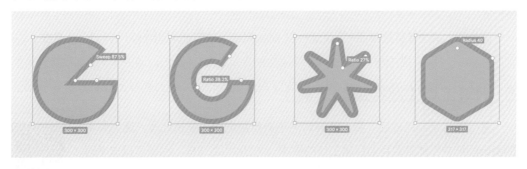

4. 图片置入工具（Place Image）

　　Figma可以置入主流的图片格式。目前Figma可以置入主流的图片格式，如下图所示。其中AI、PSD、EPS、TIF、PDF格式的图可以通过复制粘贴的方式导入。注意，通过图片置入工具是无法导入的。Sketch文件格式是否可以导入Figma呢？这可是Figma的强项，通过文件菜单中的"导入到Figma选项"，即可完美导入。

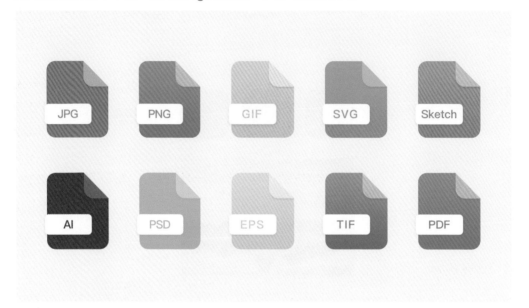

　　最让人感到意外的是，Figma居然支持gif动画图片导入，导入gif动画后，制作出的原型图就很有意思了，加个小loading动画、好玩的交互动画，都可以通过gif来搞定，想想都激动！请注意，gif动画可以通过置入工具来置入，不要直接复制粘贴，否则是不会动的。

　　图片置入的快捷键是Shift+苹果键+K（Mac系统）或Shift+Ctrl+K（Windows系统）。

5. 钢笔工具（路径编辑工具）

　　基础图形绘制完成后，我们就要对图形进行更细节的编辑处理，因为单单的基础图形并不能满足我们日常工作的需求。与Sketch一样，钢笔工具这个时候就可以派上用场了。双击一个矢量图形，就可以进入路径编辑模式，可以编

扫码看本节视频

辑其中的节点，如下页第一幅图所示。

当然，如果需要创建一个自定义图形，也可以直接使用钢笔工具进行绘制，如下图所示。

Figma的钢笔工具与其他绘图工具大同小异，只需要单击，然后拖动，然后调整贝塞尔曲线，即可完成一条曲线的创建，如下图所示。

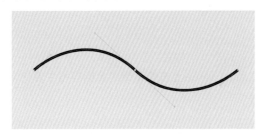

这里需要重点关注的是节点的调整选项。在Sketch中，一共有四种节点曲线调整模式，而在Figma中，它被简化为3种，选中某个节点，就可以在右侧属性检查器看到No Mirror、Mirror Angle（角度镜像）和Mirror Angle and Length（角度和长度完全对称）的选项，如下页第一、第二幅图所示。

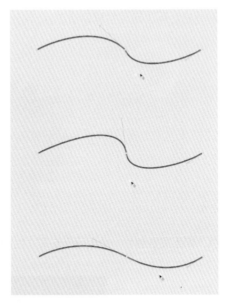

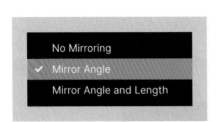

☐ No Mirror：可以随意调整角度及贝塞尔曲线的角度。

☐ Mirror Angle：角度对称，也就是贝塞尔曲线的所有节点都在一条线上，但是距离中心点的距离可以不对称。

☐ Mirror Angle and Length：角度对称，贝塞尔曲线的所有节点也在一条直线上，距离中心点的长度也保持两端一样。

Bend 工具

当进入路径编辑模式后，Figma上方的菜单栏会相应发生变化。如下图所示，Bend 工具即是下图中标蓝的工具。

Bend工具是比箭头工具更灵活的路径调整工具，可以在路径的任何位置拖动鼠标，这个时候路径会自动弯曲，形成平滑的曲线，如下图所示。

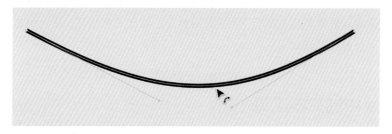

Paint Bucket（油漆桶工具）

Figma的交互设计比较有趣的一点就是，特定的工具只有在激活的时候才会出现，非激活状态或者不可用状态下是完全隐藏的。在Bend Tool右侧就是油漆桶工具，它可以填充或者去除图形中的颜色。当水滴形状中显示"+"的时候，单击即可填充，当水滴形状中显示"–"号时，单击即可删除填充颜色，如下图所示。

Pencil（铅笔工具）

单击菜单中的铅笔工具后，可以控制鼠标在画板上随意绘制线条，但是铅笔工具在UI设计过程中很少使用，因为它不支持画刷，也没有压力和笔触选项，因此仅仅可以借助鼠标或者手绘板来绘制一些不规则的线条。

静电说：钢笔工具看起来简单，但是我们要知道，大多数不规则图形都是由钢笔工具完成的，要多加练习，让钢笔线条足够平滑和流畅。这是个看起来简单、用起来有点难度的工具。平时多使用钢笔工具来描摹一些不规则图形，通过多次练习，使用钢笔工具的熟练程度便会突飞猛进。

6. Figma 中的文本工具

要创建一个文本图层，只需单击工具栏上的T按钮。或者，也可以使用快捷键T来代替，如下图所示。

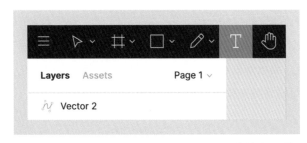

随后你可以使用鼠标划定一个区域来放置文字，也可以直接在工作区域输入文字，如下图所示。

扫码看本节视频

需要注意的是，Figma默认的字体是Google的Roboto，由于Roboto是英文字体，会导致在打中文字符的时候出现缺字等问题。在"让Figma支持更多字体"部分会讲到如何解决这个问题。接下来看看文本属性面板。相信这些常规的文本属性大家都不会陌生了，包括字体、粗细、字号、行高、字间距、段间距、文本缩进、横向对齐方式、纵向对齐方式以及Fill中的字体颜色选项，如下页第一幅图所示。

　　当然，文本选项不只这些，还可以在文本属性框右下角找到"…"图标，单击它就会打开新世界的大门。我们可以为文本设置对齐、线、大小写、简体、繁体等多种可控的属性。是不是非常灵活呢？如下图所示。

填充属性是大家非常熟悉的一个属性了，在各种图形属性中一定会有它的身影，文本工具中也不例外，Figma的填充非常灵活，可以为字体添加各种实心、渐变等效果，也可以为文本添加描边及各种阴影效果。描边同样有多种效果，实心渐变也可以根据需要选择。当然，图层效果也可以应用在文本图层中，阴影、模糊、背景模糊等同样可用。如下图所示。

7. 让 Figma 支持更多字体

Figma是一款基于Web的设计工具，在默认情况下，我们只能选择一些浏览器支持的内置字体（主要是Google Web Fonts），但是，如果要输入中文或其他第三方字体，该怎么办？Figma的开发者想到了这一点，只需要安装一款名为Figma Font Helper的工具，如果不想安装也可以，直接下载Figma的桌面版本App，这时应用就会默认支持系统的所有字体显示了。

建议所有使用Figma的小伙伴都安装上Figma Font Helper，下载地址如下：

Windows系统：https://font-daemon.figma.com/win/FigmaFontHelperSetup.exe

Mac系统：https://font-daemon.figma.com/FigmaInstaller.pkg

大家根据自己电脑的系统下载即可。

安装完成后，浏览器中的Figma就可以读取电脑上安装的所有字体了。还有一种办法，那就是安装Figma插件Chinese Font Picker。安装完成后，在选择文字时，执行这个插件，所有的字体及名字都会清晰地显示在文字选择器上，如下页第一幅图所示。

8. 创建和复用文本样式

　　文本样式现在已经成为UI设计软件不可或缺的功能，快速复用文本样式可以大幅度提升设计效率，实乃居家设计必备功能。如下图所示，单击右上角█按钮，创建样式并将这个样式赋予新的文本。可以编辑已有样式，或者删除它，或者更新它，当更新它后，所有使用这个样式的文本都会发生变化。请注意，文本样式主要可以调整文本的字体、格式等内容，但是并不会改变文本的颜色和填充，要更改填充颜色，需要设置填充样式及图层样式。

9. 将文本转化为路径

　　有时候我们需要对字体做图形化处理，这个时候则需要将文本转化为路径，方便进行矢量编辑。只需先选中文本，然后单击Object→Flatten Selection即可。

10. 文本使用问题 Q&A

Q：Figma中的文本和Sketch中的一样，文本框不贴边吗？

A：是的，不贴边。但是可以把字段的行高设置为和字体高度一样，这样就贴边了，总体来说Figma中的文本字段处理效果要比Sketch好一些。Figma中的文本就是浏览器中文本的真实样子，平时看到的网页，里边的字体也是不可能完全贴边的，所以不要再纠结这些了。如果你觉得开发复现有问题，可以采用视觉走查的方式二次调整。让开发100%像素级还原设计稿是不可能的，这是技术问题和字体处理问题。

Q：如果我的Figma设计稿使用了某种字体，交给其他人打开后，对方电脑没有这个字体，那会怎样呢？

A：Figma会提示字体缺失，并提示哪种字体缺失，让用户选择并替换。

Q：安装Figma Font Helper后，电脑上的文本不显示或全是英文（或乱码）怎么办？

A：安装完成后，请重启浏览器。另外，Figma Font Helper对文本的支持程度与电脑有关，如果你的电脑里的字体册也是英文的，那就说明是系统本身的问题。至少我的电脑上，很多中文字体都显示了英文名，尝试记住几个常用字体的英文名吧！比如苹方对应pingfang，思源黑体对应Noto Sans或Source han，宋体对应simsun，黑体对应STheiti，等等。如果你希望能完美显示中文，可以安装前文推荐的Figma插件Chinese Font Picker。

> 静电说：Figma中的文本样式与填充样式是相互分离的，这一点会让使用不太方便。另外，在Figma中，文本选择框也不是完全贴近文本的，标注的时候要格外注意。最后，在文本转化路径的操作中，尽量不要一次性转化太多文本，否则操作会瞬间变得非常卡顿。

11. 拖动工具

由于Figma的工作区域是无限延展的，为了定位我们需要的元素，需要使用拖动工具（Hand Tool）来移动工作区域。拖动工具的快捷键是H，当然，最常用的另一个快捷键是空格键，按住空格键，当鼠标指针变成手形时，直接拖曳即可。

12. 添加 / 显示注释工具

Figma是一款在线云协作设计工具，可以非常方便地为设计稿添加注释。如果你提交的设计稿有任何需要修改的地方，只需要简单地用注释工具添加注释即可，如下图所示。单击注释标注，在弹出的对话框中单击右上角的对钩，则可以清除注释。

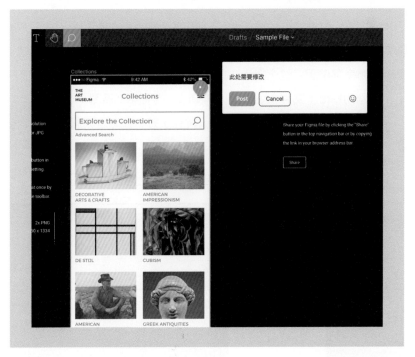

静电说：Figma的基本工具比较简单，但这并不是Figma的全部，有些功能隐藏在菜单中。在02-05节，我们一起来看看隐藏在Figma菜单中的有用工具。

Figma 基础操作详解之菜单篇

　　除了快捷工具栏上的常用工具，Figma的菜单中也隐藏着丰富的功能选项，一起来看看吧。单击快捷工具栏左上角的汉堡包菜单（三条线的图标），即可打开Figma的菜单选项。

　　点击"01.主菜单"中的Back to Files，即可回到Figma的起始界面。下方的快捷搜索栏也是个非常方便的设置，输入需要的功能，Figma会即时反馈相关的功能菜单，如果记不住需要的功能在哪个菜单里，这个搜索功能会非常方便。搜索栏下方的几个项目为Figma的主要菜单，分别为File（文件）、Edit（编辑）、View（视图）、Object（元素）、Vector（矢量）、Text（文本）、Arrange（排列）等，如下面两幅图所示。接下来逐个看看各菜单，我会讲解其中最主要和最常用的功能项目。

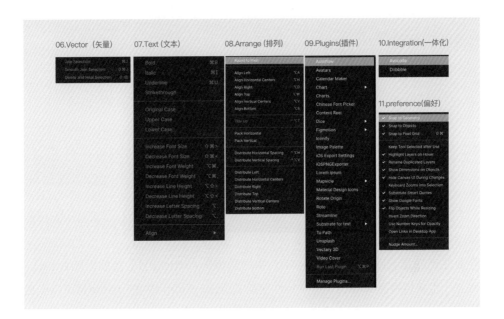

1. File（文件）菜单

单击New选项，则可以创建一个新的Figma文档，此时Figma会打开一个新的浏览器窗口，方便我们在不同的设计稿之间进行切换。

扫码看本节视频

New From Sketch File…（从已有的Sketch文档新建）

选择此项，Figma会要求选择一个已有的Sketch文档，使用这个功能，可以轻松地在Figma中打开Sketch文件，毫无障碍。所以，从Sketch转到Figma是没有任何障碍的。选择自己电脑上的Sketch文件后，Figma会先上传这个Sketch文档，然后就可以在其中轻松打开了。请注意，上传文件的时候，尽量不要使用太大的Sketch文档，否则整个过程会非常慢。

从Sketch导入到Figma的过程还是非常完美的，所有的内容均会被完美复现，包括所有的画板和组件库，以及Sketch中的page（页面），如下页图所示。

　　需要注意的是，Figma会把Sketch中的画板（Artboard）转换为Frame，编组
（Group）也将转换为Frame。这个特性在前文讲过，Figma中的Frame是可以嵌套的，
"万物皆可Frame"。在导入文件之前，请确保已经安装过Figma提供的Chinese Font
helper插件，让Figma可以调用你计算机上的字体，否则字体可能会缺失变形。

Place Image（置入图片）

　　选择此项后，可以将计算机上的图片置入Figma中。关于置入图片的类型，可以参考本
书前文的讲解。

Save as .fig…（另存为.fig文件）

　　如果将所有的文件存在云端，万一哪一天网站上不去了，是不是所有的心血都要白费了
呢？还好Figma为我们周到地考虑到了这个问题，执行此菜单，可以将文件导出为.fig扩展
名的文件，存到本地，方便大家进行备份和交流，不用担心文件丢失。

　　那么，如何打开这个本地的.fig文件呢？很简单。只需要把这个文件拖动到Figma的File
Browser中即可。记住，是File Browser，而不是已经打开的文档编辑界面。否则会出现错
误提示，如下页第一幅图所示。

静电说：File Browser在哪里呢？只需单击Figma主菜单中的Back to File即可找到。

Save to Version History（存储为历史版本）

你的设计稿是不是被产品经理和甲方"蹂躏"了好多遍？改一次不理想，改两次不理想，好不容易改了N次后，甲方说："算了，还是觉得第一版好，用第一版吧。"结果你发现，你的第一版已经没有了。这个时候，是不是想哭的心都有了？而Figma中的这个功能就可以拯救你，不用每次修改一个版本都要另存一个文件了，只需要单击Save to Version History功能，将你每次的修改保存为历史版本即可。如果你忘了保存也不用太担心，Figma会自动存储最近30次的改动版本。

Show Version History（显示历史版本）

执行此菜单后，所有的历史版本将显示在页面右侧的属性检查器中，你可以选择想要编辑的版本来进行修改，或者恢复为当前版本，如右图所示。选择相应的版本，即可预览，需要了解的是，在此状态下，页面内容是不可编辑的。如要进入编辑状态，可以单击页面左上角的蓝色按钮Edit Current Version进行编辑。此时，当前版本会变更为你选择的版本，但是之前的老版本依然存在，每个版本都不会丢失。

Export…（导出）

要使用导出功能，必须将自己需要导出的内容进行设定才可以。有几种方式：①使用切片工具划定需要导出的内容；②选中某个图层，在右侧的属性检查器中，找到"Export"选项，并单击加号，设定导出倍数、后缀和图片格式，如下图所示。

选中某个图层，然后单击File→Export时，Figma只会导出当前选中的图层。如要导出此设计稿的所有可导出图层，请确保不要选中任何图层（但必须为图层设置可导出项），然后单击File→Export，此时Figma会在弹出的界面中展示所有可以导出的图层项目，选中需要导出的项目，即可批量以你需要的格式导出。请注意，尽量保证所导出的图层不要重名，否则Figma会在导出选项卡提示，并出现红色的感叹号。但是依然可以继续导出，Figma会对重名的文件进行重命名操作，如下图所示。

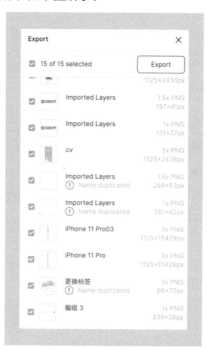

Export Frames to PDF…（将Frame导出为PDF）

使用此功能，在Figma画板中的最高层级的所有Frame将被整合后导出为一个PDF文档导出。在这里，Figma并不会将文档中的所有Frame都导出成PDF，此功能还是非常贴心的，毕竟我们平时导出最多的就是画板（Frame）了。

静电说：如果你想将单个的Frame或者不是最高层级的Frame导出为PDF文档，请使用Export功能，只需在导出选项中设置导出格式为PDF即可。

2. Edit（编辑）菜单

扫码看本节视频

Undo 和 Redo （撤销和重做命令）

快捷键分别为苹果键+Z和Shift+苹果键+Z（Windows系统请把"苹果键"换成Ctrl键，余同）。可以用来撤销前一步的操作，或者在撤销前一步的操作后重做前一步的操作，这两个功能是几乎所有的软件中的必备项目。

Copy as… （复制为……）

可以把所选图层复制为纯文本、CSS样式及SVG代码，方便开发工程师进行编码使用。

Paste Over Selection （在选区之上粘贴）

将需要复制的内容粘贴在所选择图层的上一层。通过这种方式进行粘贴，可以避免复制对象被当前图层覆盖，快捷键为苹果键+Shift+V。如下图所示，首先复制最下方的蓝色图层，接下来选中紫色图层，然后使用此功能，则蓝色圆的副本会粘贴到紫色圆的上方。

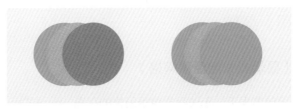

Duplicate （制作副本）

快捷键为苹果键+D，其功能相当于一次执行了复制和粘贴两个操作。直接生成当前图层的一个副本。

Copy/Paste Properties （复制和粘贴属性）

如果需要把一个图形的样式（如填充色、边框、阴影等）赋予另一个图形，那么这个功能是很好的选择。先选择需要复制的图层，然后执行复制属性功能，然后选择目标图形，执行粘贴属性，这个时候新的图形就会完全被赋予与原图层一模一样的属性。快捷键为Alt+苹果键+C/V。

Select All/None/Inverse （选择全部/取消选择/反选）

顾名思义，选择画板上的全部内容、取消选择或者反选。

Select All with…（选择所有符合条件的图层）

首先选择一个目标图层，然后执行菜单中的相应选项，可以一次性选中所有相同属性/相同填充/相同描边/相同效果/相同文本属性/相同字体/相同元件的图层，如下图所示。这个功能非常方便，特别是需要批量修改某些内容的时候，只要执行相应选项，即可轻松完成修改。

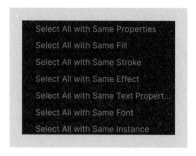

3. View（视图）菜单

扫码看本节视频

Pixel Grid （显示或关闭像素网格）

在100%的画布缩放效果下，无法察觉像素网格的存在，但是将Figma的画布放到足够大（约1400%比例）后，即可发现像素网格的存在。使用此选项可以显示或关闭像素网格辅助线，如下图所示。

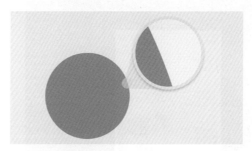

Layout Grids（显示或者关闭布局网格）

首先，必须创建了布局网格，才能在View菜单中控制显示或者关闭它们。要创建布局网格，必须要在Frame上进行操作。选中一个Frame，然后在右侧的属性检查器中找到Layout Grid功能，单击右边加号即可创建布局网格，如下图所示。

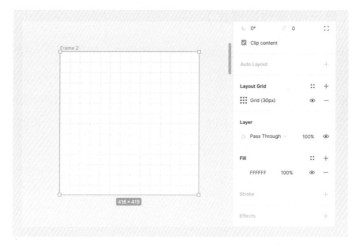

Rulers（标尺工具）

标尺是在设计中非常常用的工具，快捷键是Shift+R。执行此功能菜单后，标尺将被隐藏或者显示，如下页第一幅图所示。标尺显示后，Figma的工作区域的上部和左侧会显示坐标数值。要创建参考线，只需从标尺位置向右或向下拖动，即可创建纵向或横向参考线。要删除某一条参考线，只需拖动这条参考线到空白区域。此时鼠标指针显示X号，松手即可删除。另外，可以直接单击辅助线，此时辅助线会变蓝，然后按键盘上的Delete键删除即可。

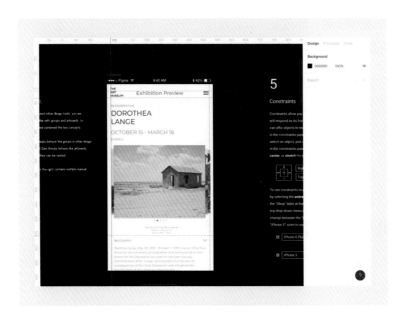

Outline（显示/隐藏线框模式）

线框模式是Figma中一个非常好玩也非常有用的模式，使用Outline模式，你的设计稿将以线框图方式呈现出来，如下图所示。此功能的快捷键是苹果键+Y。在这种模式下，方便我们查看页面的布局是否合理，以及分析哪些图层是多余或者无效的。如果用这个功能来制作低保真原型图，也未尝不可。只不过，很少人会先做高保真原型，再做低保真原型。

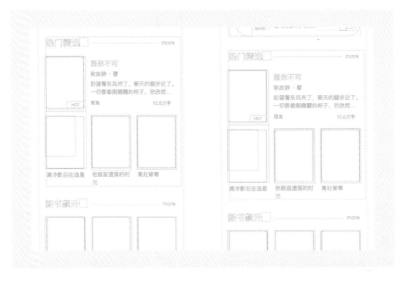

Pixel Preview（像素/矢量模式）

此功能可以在像素模式和矢量模式之间切换，方便我们查看页面导出为位图的样子。Figma是一款矢量工具，但是导出的设计稿大部分都以位图模式存在，如果矢量图处理有问题，位图就会发虚，因此有必要在设计过程中反复使用快捷键Ctrl+P来查看设计稿导出后的样子，如下图所示。

Mask Outlines（显示/隐藏遮罩线框）

使用了Mask Outlines功能后，可以在遮罩层周围显示绿色边框，如下图所示。

Frame Outlines（显示/隐藏Frame线框）

使用了此功能后，可以在Frame层周围显示绿色边框。

Resource Use（显示/隐藏资源利用率）

使用了此功能后，Figma工作区左上角会显示总图层数、总内存使用率、浏览器内存利用率。如要关闭这个提示，双击此区域即可，如下页图所示。需要注意，受制于浏览器的内存限制，Figma最大可用的内存量为2GB。如果文档太大，可能会弹出警示框。

为了避免内存耗尽，请避免过多地使用一个组件做实例。另外，可以隐藏某些图层来降低内存使用率，需要特别注意，不要导入尺寸或者体积过大的图片，将大文件拆分为较小的文件，或者对高分辨率的图像进行体积压缩，等等，都会起到很好的效果。比如，你需要一个100像素X100像素的位图，但是却导入了一张5000像素X5000像素的PNG格式位图，那是完全没有必要的。请在第三方软件中压缩后再导入。

Show/Hide UI（显示/隐藏UI界面）

使用此选项后，Figma的主UI界面将被显示或隐藏，包括菜单栏、图层列表、快捷工具栏，右侧的属性检查器也会消失。在Figma的主界面中右击，在弹出的快捷菜单中也有此选项。

Multiplayer Cursors（多用户鼠标）

在多人协作模式下，可以看到其他用户的鼠标和操作情况，就像现场直播设计过程一样。

Panels（面板）

此菜单中包含了多个子菜单，可以分别用来显示图层、组件、设计、原型、代码面板，如下页图所示。也可以使用快捷键来操作，分别是Alt+1、Alt+2、Alt+8、Alt+9、Alt+0的数字。如果想熟练掌握Figma的操作，可以把这些快捷键都记下来。

Zoom 菜单（缩放）

快捷键为+、-、0、1、2，执行后可以直接缩放工作区的元素。当然，也可以按住苹果键滚动鼠标滚轮来操作。

4. Object（元素）菜单

扫码看本节视频

此菜单中的项目主要是针对图层的位置、组、形状进行的调整。

Group Selection （编组）

选中多个图层，然后执行成组选项，或者按快捷键苹果键+G，即可将多个图层编组，此时图层列表中以一个虚线矩形图标来显示。要取消编组，按快捷键苹果键+Shift+G即可。

Frame Selection （转换为Frame）

选中多个图层，然后执行此选项，或者按快捷键Alt+苹果键+G，即可将多个图层转化为一个Frame，此时图层列表中以一个#号图标来显示。要取消编组，按快捷键苹果键+Shift+G即可。若要取消Frame，只需按快捷键苹果键+Shift+G，与取消编组的快捷键是一样的。

Use as Mask（设置为蒙版）

扫码看本节视频

蒙版效果可以用来做不规则形状的图片效果。比如要做圆形的用户列表头像，蒙版就派上用场了。首先在Figma中准备一个圆形与一个用户头像位图。接下来，选中圆形，然后在右击弹出的快捷菜单或者在主菜单中单击Use as Mask（也可以选中圆形后在上侧的属性检查器中选择半月形图标来执行）。执行后，图层列表中的圆形属性将变为遮罩层，同时圆形变为不可见状态，如下图所示。

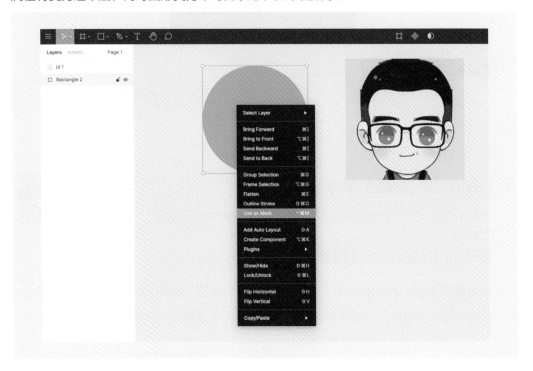

静电说：组与Frame有什么区别呢？在Frame中，可以针对某个图层做自适应布局，并对Frame设定背景，而组则不可以。

接下来，将头像位图的图层拖动到Mask Group的组中，请注意图层顺序。在这个组中，头像位图图层要在圆形遮罩的上方。同时，移动头像图层坐标，让其与圆形遮罩层重叠。接下来，调整位图大小，一个圆形的头像就做好了，如下页第一幅图所示。

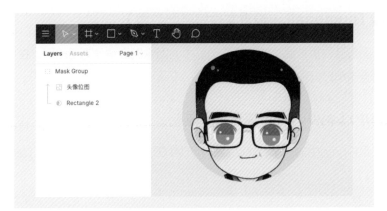

请注意，按照之前Sketch的老方法来做遮罩是不可行的。以往我们的做法是，将头像与圆形重叠，然后选中两个图层，并执行遮罩命令，如下图所示。但是此时在Figma中并没有什么效果。Figma中的遮罩要满足的几点要求：遮罩层是刚才我们设置的圆；遮罩层在被遮罩层下方并在一个组中。

另外，Figma中支持使用透明度进行遮罩，如下图所示。要实现这种效果，需要一个放射状渐变填充的圆形，然后按上述方式来做遮罩效果就可以了。

静电说：在Figma中，蒙版不仅仅对位图生效，两个矢量图形也可以做遮罩。甚至多个图层都可以做遮罩，只要被遮罩的对象在蒙版组中，蒙版就会把它上方的所有图层都做处理。

Set as Thumbnail （设置文件缩略图封面）

选择某个图层后，执行此菜单，这个图层中的图像就会被作为缩略图。在Figma的文件列表界面即可查看到以此缩略图显示的文件。

Add Auto Layout （添加自动布局）

自动布局是Figma中的一个特有功能，我们会在本书后边的章节中专门拿出来讨论如何创建自动布局。

Create Component （创建组件）

Figma中的元件名为Component，类似Sketch中的Symbol。Component是一个可以被复用的元素，当改动Component后，所有应用这个元件的位置会全部发生变化，这样可以节省很多时间，提升工作效率。

要创建组件，先选择一个图层，然后单击菜单中的Create Component，或者直接单击快捷工具栏上的菱形图标。此时图层外围的选择框变成紫色，图层列表前边的图标也变为菱形。

创建Component后，这个组件会出现在如下图所示的面板中，方便设计师随时调用。

Reset/Detach Instance（重置/分离组件）

创建组件后，有些特殊情况，需要对特定场景下的组件更换颜色、文字或者其他内容，但是又希望它是一个"组件"。比如下图所示这种情况，上面的搜索框是原始组件，下方为调用的原始组件，但是我们希望修改组件中的文字、颜色等属性。这个时候，只要直接编辑当前的组件副本即可，编辑组件副本不影响主组件的样式。但是，如果编辑完后悔了，想让它变为主组件的样式，那么只需选中这个组件，然后单击Object→Reset Instance即可让它恢复原样。

那么Detach Instance呢？ 比如上图中第二个搜索框，假如不想继续让这个副本当元件使用了，那么直接执行Detach Instance即可，此时这个组件就变成普通的图层了。

Master Component（主组件）

上面提到首次创建的组件为原始组件，也就是Master Component（主组件），其他组件副本的改动不会影响主组件。此菜单中的选项就是针对主组件的操作，在组件副本上执行Go to Main Component选项，即可找到这个组件的原始组件（主组件），如下图所示。而Push Overrides to Main Component可以将组件副本的样式应用到主组件上，这个时候，会发现所有调用这个组件的地方都发生了变化，变成了修改后的组件的样子。

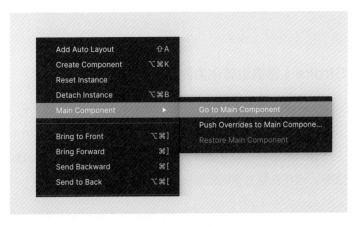

Bring/Send to…（图层顺序调整）

这是设计师用得最多的命令了，使用Bring to Front、Bring Forward、Send Backward、Send to Back 可以将选中的图层移动到顶层、上一层、下一层、底层。请记住快捷键，苹果键+Alt+左右中括号，或者苹果键+左右中括号。

Rotate…（旋转）

使用此命令可以将选中图形旋转180°、逆时针或者顺时针旋转90°。

Flatten Selection（路径合并）

如果你希望布尔运算后的图形能成为单一的路径，或者希望把文本转成矢量，使用这个功能就可以。如下图所示，左侧为布尔运算后的图层，依然可以修改布尔运算前的独立矢量路径。右侧为执行Flatten Selection后的图层，发现这个图形已经成为一个独立的图层了，可以针对独立的路径来进行编辑。

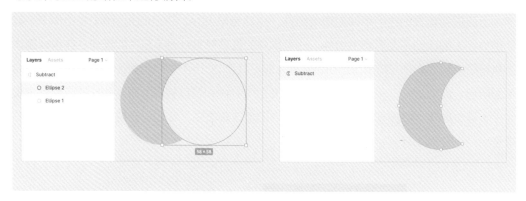

Outline Stroke（将描边转化为路径）

这个功能主要针对矢量图形的Stroke（描边）属性，可以将描边转化为独立的路径，如下页第一幅图所示，上边是一个只有描边效果的圆环，执行Outline Stroke之后，请注意属性检查器的变化，描边转化为了填充效果。在做一些线性图标的时候，建议大家将所有的线条转化为填充图形，这样会更方便后期图标的使用。

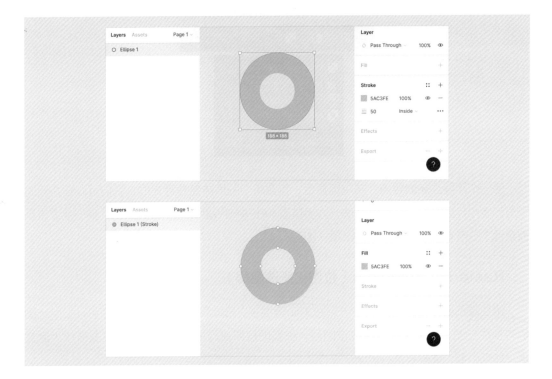

Boolean Groups（布尔运算）

布尔运算是大家非常常见的矢量图形操作，一共有四种，分别为Union Selection（组合）、Subtract Selection（减去）、Intersect Selection（交集）、Exclude Selection（差集），分别对两个重叠的圆做布尔运算，效果如下图所示。请注意，虽然多个矢量图形也可以一起做布尔运算操作，但是为了避免做出来的效果不是你想要的，建议大家两个两个图层来做布尔运算。如有可能，布尔运算后可以使用Flatten Selection工具来进行合层操作。（选中多个图层后，你也可以在快捷工具栏找到布尔运算工具，如下页第一幅图所示）

原图　　　　组合　　　　减去　　　交集　　　　差集

扫码看本节视频

另一个需要注意的要点：布尔运算后，其实单个图层依然是存在的，我们可以在左侧的图层列表中找到布尔运算的原图层，方便修改。在执行Flatten Selection后，我们就没有反悔余地了，所有图层会被转成一个单一图层。

Rasterize Selection（位图化所选图层）

请注意不要和上面的Flatten Selection弄混了，Rasterize Selection才可以把所选图层转换成位图。将矢量图层转成位图后，矢量图层所具有的特性将消失，位图被放大后会虚，如无必要，请不要进行位图化操作。

Show/Hide Selection（显示/隐藏所选图层）

顾名思义，执行操作后将显示或隐藏所选图层。图层隐藏后，图层列表中右侧的小眼睛图标将闭合。快捷键是Shift+苹果键+H。

Lock/Unlock Selection（锁定/解锁所选图层）

此功能可以将选中的图层锁定或者解锁。锁定的图层右侧将会出现一个关闭的小锁图标，如下图所示。锁定和解锁图层的快捷键是Shift+苹果键+L。

Hide Other Layers（隐藏非选中图层）

执行此项功能将隐藏所有没有选中的图层。

Collapse Layers（收起所有图层分支）

在图层列表中，避免不了进行编组、Frame等操作，这个时候图层就会产生很多展开的分支。使用Collapse Layers选项可以一键收起这些分支。如下图所示，左侧为收起之前，右侧为收起之后的效果。

Remove Fill/Stroke（删除填充/描边）

将图层填充/描边去除。在属性检查器中同样可以完成。

Swap Fill and Stroke（调换填充色和描边色）

顾名思义，执行此命令可以将填充色和描边色翻转，如下页第一幅图所示，左侧为执行命令前的填充样式，右侧图形则将描边颜色和填充颜色进行了调换。

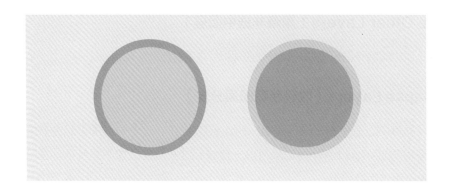

5. Vector（矢量）菜单

扫码看本节视频

Join Selection（连接所选路径）

使用此功能可以将两个独立路径连接为一个完整路径。如下图所示，原来是两个相互独立的路径，它们互不关联，要将两个路径连接，首先在路径编辑模式下，按住Shift键选中需要连接的两个端点，然后单击Vector→Join Selection即可。

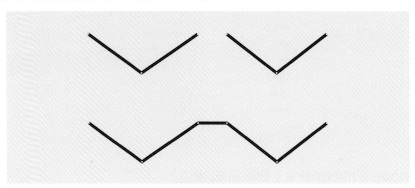

Smooth Join Selection（连接两点）

使用此命令，Figma会尝试使用平滑的方式将两个点进行连接，但是，不是所有状态下都会产生很"平滑"的效果。如下页第一幅图所示。

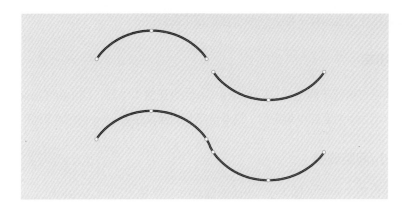

Delete and Heal Selection（**删除节点并闭合路径**）

在路径编辑模式下，首先选中两个要删除的节点，然后执行此命令，那么选中的节点会被删除，同时，Figma会尝试将路径闭合，如下图所示。

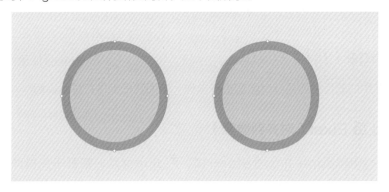

6. Text（文本）菜单

文本菜单中的大部分功能都可以在文本的属性检查器中完成。此菜单的功能主要是字体样式及对齐方式调整。

扫码看本节视频

字体加粗/倾斜/下画线/删除线

选中字体后可选择不同选项：Bold为加粗字体，Italic为倾斜字体，Underline为加下画线，Strikethrough为加删除线。请注意，加粗字体和倾斜字体是字体本身的属性，如果使用的字体没有粗体或者斜体，那么这两个选项是不生效的。

字母大小写

选中字体后可执行不同选项：Original Case为正常大小写，Upper Case为全部大写字母，Lower Case为全部小写字母。这些选项只对英文生效。

字体大小/间距调整

此菜单可以用来调整字体大小（Font Size）、字重（Font Weight）、行高（Line Height）、字间距（Letter Spacing）。

对齐（Align）

将文本框中的文字进行上下左右对齐操作。

7. Arrange（排列）菜单

排列菜单中的项目主要是针对图层进行操作，下面我们来进行分类讲解。

扫码看本节视频

Round to Pixel（对齐到像素）

同Sketch和Adobe Illustrator一样，Figma也是一款基于矢量图形的工具。在位图工具中，最小的度量单位为1像素（1px），但是在这些矢量图形工具中则不一样，不管是坐标还是长宽等单位，它们可以精确到小数点后两位。也就是说，一个图层的坐标可能是X=1000.55，Y=500.78，长宽数值可能是Width=200.56，Height=400.19。但是，在工作中，有时候需要将这些矢量图形导出为位图。如果矢量图形中含有小数，那么一方面会导致导出的位图的宽高数值发生变化，比如宽为200.56，那么导出的位图最终宽为201；另一方面，这些矢量图形中的小数点会导致导出的位图边缘出现模糊的现象。

Round to Pixel的功能其实很简单，就是将图形坐标值中的小数点去掉而已（遵循四舍五入的原则）。如下图所示，左侧为有小数点的坐标，右侧为执行Round to Pixel命令后的坐标。请注意，Figma中的此功能不会处理图层宽和高中的小数点。

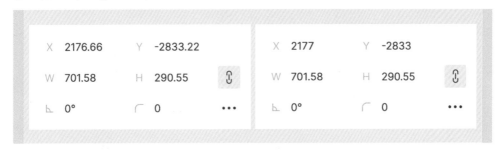

Align（对齐）

这一组菜单可以用来对齐多个元素。只需选中需要对齐的多个元素，然后执行其中相应的操作，即可实现居左、居右、居上、居下及纵向和横向居中对齐，如左下图所示。一般来说，很少有人会通过菜单来执行这些操作。因为在右侧的属性检查器中也可以很方便地找到这些对齐按钮，如右下图所示。

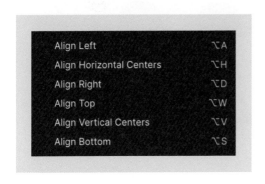
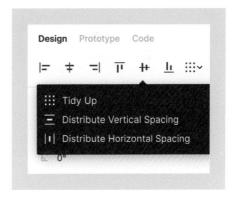

Tidy Up（整理）

此选项可以帮你智能对齐一堆不太均匀分布的图形。具体效果如下页第一幅图所示，左侧框为执行Tidy Up命令之前的效果，右侧为执行Tidy Up命令之后的效果。

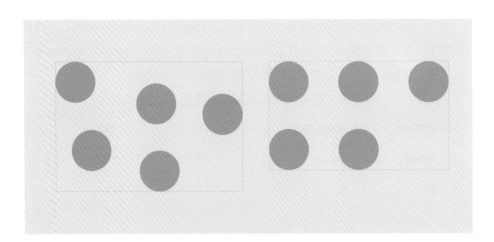

Pack Horizontal/Vertical （去除横向/纵向间距）

这是一个非常有用的功能，可以将多个间隔的元素之间的间距去掉，让它们紧紧地挨在一起，效果如下图所示。

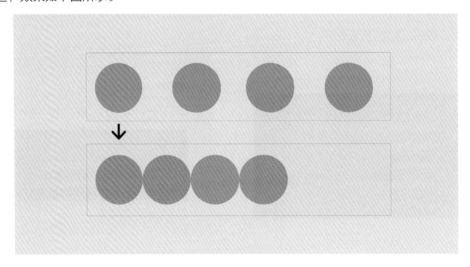

Distribute （均匀分布）

在横向或者纵向均匀分布多个图形，让它们之间的间距一致，效果如下页第一幅图所示。

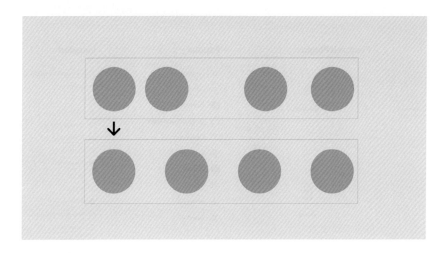

智能分布功能

当选中一组元素的时候，Figma会在元素之间显示如下图所示的智能把手，拖动这些把手，就可以横向或者纵向分布图层。此时元素之间将均匀分布。

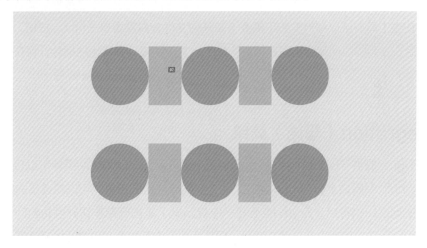

8. Plugins（插件）菜单

在首次使用时Figma中是没有安装插件的，需要单击Manage Plugins，然后选择页面右上角的菜单Plugins，进入插件获取和管理页面，如下页图所示。

这个页面列举了推荐的特色插件、流行插件的排行榜以及已经安装过的插件。单击插件名称，即可进入插件安装（管理）页面，在此可以查看插件介绍、安装或者卸载插件。由于Figma是在线工具，所以插件安装不需要下载任何文件，只需要单击Install按钮，即可安装完成。之后，安装的插件就会出现在插件菜单中。关于UI设计师常用的插件，将在02-06节介绍。

9. Integration（集成）菜单

目前Figma提供了Dribbble和Avocode两个集成菜单，Dribbble菜单可以轻松把设计稿发布到Dribbble网站上；Avocode则是一个在线标注切图工具，可以将选定的Frame上传到相应的网站，执行后，Figma会弹出一个提示框，单击蓝色按钮则跳转到Dribbble网站，如下页图所示。目前只有这两个项目，期待后期国内开发商可以接入此项功能。

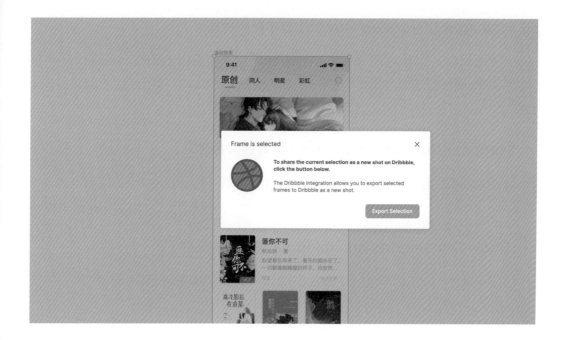

10. preference（偏好设置）菜单

这个菜单可以显示Figma的系统设置的相关选项。可以在需要激活的项目上打钩。

Snap to…（贴近）

Geometry：贴近几何图形（移动一个元素后，Figma将自动贴近临近的几何图形）。

Objects：贴近元素（此选项包含的贴近目标更多，不仅仅是单纯的几何图形）。

Pixel Grid：贴近像素网格（Figma会在移动图层的时候自动将图层贴近像素网格，确保像素的准确性，不会出现小数点，如不勾选此项，会获得更精确的移动效果，根据自己的需要来进行选择吧）。

Keep Tool Selected after Use（保持工具在使用后选中）

如果勾选此项，那么工具在被使用后，依然会是被选中状态。

Highlight Layers on Hover（选中图层后高亮）

勾选此项后，在选择特定图层后，图层周围则会出现蓝色选择框，去掉后，则不显示。保持默认就好。具体效果如下图所示，鼠标悬停或者选择某个图层后，图层周围有蓝色区域。

Rename Duplicated Layers（重命名同名图层）

勾选此项后，当复制图层后，图层名字会自动更改，Figma会为其添加后缀，确保不重名。

Show Dimensions on Objects（显示元素尺寸）

勾选此项后，选择某个图层，下方将显示图层的尺寸。如下图所示。

Hide Canvas UI During Changes（在过渡时隐藏画板UI）

勾选此项后，做交互效果演示时，将隐藏画板UI。

Keyboard Zooms into Selection（以选中图层为中心缩放）

勾选此项后，缩放时将以选中图层为中心来进行缩放。

Substitute Smart Quotes（替换智能引用字符）

此功能主要在英文模式下使用，如果要从Figma的某个字段中复制文本到纯文本编辑器中，某些符号可能会产生乱码。比如，Figma中显示为"it's"，但是我们却希望复制为"it's"。此时，开启Substitute Smart Quotes是个很好的选择。

Show Google Fonts （显示谷歌字体）

在字体列表中显示Google字体。Google Fonts提供了超过800种高质量的字体，兼容所有浏览器，无须引入JavaScript，简单易用，且免费，无须在电脑上安装字体文件，即可使用。但很可惜，目前不支持中文字体。

Flip Objects While Resizing（缩放时翻转元素）

激活此项后，拖动把手调整元素大小的时候，可以直接翻转元素。

Invert Zoom Direction（颠倒缩放方向）

使用鼠标滚轮进行画布缩放的时候，向上滚动和向下滚动分别为缩小画布和放大画布。激活此项后，向上滚动放大画布，向下滚动缩小画布。

Use Number Keys for Opacity（使用数字键调整透明度）

激活后，按数字键1～9可以快捷调整图层透明度。比如，选中图层，按一下数字键1，透明度调整为10%，再按一下数字键1，透明度调整为11%。其他数字同理。

Open Links in Desktop App（用Figma桌面应用打开链接）

如果一个同事发给你一个Figma预览链接，选择此项后，将直接调用Figma App打开此链接，而不是直接在浏览器打开。

Nudge Amount（调整键盘移动坐标数值）

通常情况下，我们会使用方向键来移动图层。按一下方向键，移动一个像素。用Shift+方向键，则一次移动10个像素。而使用Nudge Amount则可以自由调整需要移动的数值。有时候我们希望移动的数值很小，比如零点几个坐标值，此时可以调整这个数值，这样在做一些比较精细的图标的时候，可以更好地调整位置，如下页图所示。

静电说：在本节中我们梳理了Figma的所有菜单项，讲到这里，相信你对Figma的基本操作也已经了解了百分之七八十了。有些菜单项可以直接在快捷工具栏和属性检查器中找到，有些则必须借助菜单，我们有必要对菜单中的所有功能做一个系统了解。另外关于快捷键，不要强记，用多了自然就记住了。另外，快捷键中的英文字母，一般为这个功能的英文首字母，所以记住菜单项的一些英文，也可以很好地记住快捷键。

02-06

Figma 中的特色插件

扫码看本节视频

Figma提供了海量的特色插件，灵活使用这些插件，可以大幅提升设计效率。下面将介绍最常用的Figma插件。关于如何安装插件，可以参考本书02-05节的介绍。

1. Juuust Handoff：图片离线标注插件

使用此插件可以把设计稿快速导出成HTML文档，并离线交给开发人员使用，如下页第一幅图所示。同时，此插件可以很方便地查看设计稿的标注，如间距、字号、颜色等信息，方便开发进行页面布局。在菜单Plugins中执行Juuust Handoff后，即可出现如下页第二幅图所示的弹层提示，按照步骤依次点击蓝色按钮即可，请注意尽量不要让图层重名，否则它们会被重新命名。

当插件执行完所有步骤后，就会生成一个ZIP格式的压缩包，浏览器会提示你保存到本地，打开后会显示如下页第一幅图所示的文件结构，单击Index.html即可打开离线的标注文档。在Date文件夹中，插件会将所有的可导出切片放置在其中，这样就不用再一个个地导出了。

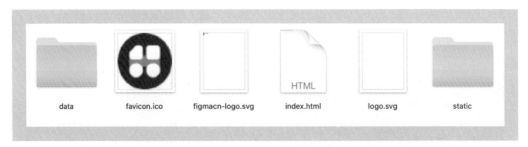

Juuust Handoff可以说是设计师在交付设计稿的时候必装的插件之一。下载地址为：https://www.figma.com/community/plugin/830051293378016221/Juuust-Handoff。当然，也可以直接在Figma的插件页面**搜索插件名称**来安装。

2. Unsplash：图片填充插件

Unsplash是大名鼎鼎的免费照片素材网站，如下图所示，使用这个插件，可以在Figma的图层中方便地填充图片素材，包含头像及其他内容。从此再也不用花时间导出找素材了。

Unsplash的使用非常简单，首先在Figma中绘制所需要的图层，比如两个圆形，然后在Plugins菜单中执行Unsplash插件，会弹出如下页第一幅图所示对话框。

在其中可以选择随机填充、搜索关键词填充、按分类进行填充。Figma下的Unsplash图片质量非常不错，并且还是一个免版权的照片网站。快来安装体验吧，插件下载地址：https://www.figma.com/community/plugin/738454987945972471/Unsplash。

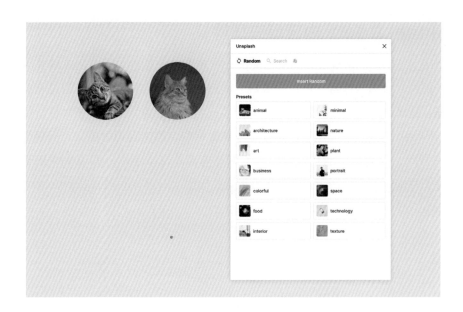

3. Iconify：图片填充插件

Iconify提供了50000多个风格各异的矢量图标素材，只需简单地搜索、选择、拖曳即可使用，如下图所示。插件下载地址：https://www.figma.com/community/plugin/735098390272716381/Iconify。

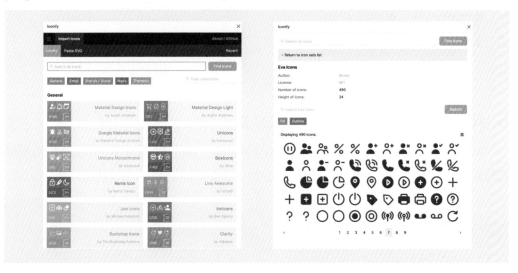

4. Content Reel：内容填充插件

Content Reel是微软设计团队出品的一款内容填充插件，可以用来填充人名、地址、电子邮件、头像等内容。但是很遗憾，填充的文本内容只有英文。但是它的可扩展性非常强，登录后，可以在库中选择更多的填充内容，包含头像、电子邮件、地址，甚至微软的Fluent UI相关的icon，等等。虽然微软提供的内容均为英文，但是可以自定义填充内容库，只需简单地在界面中输入填充内容的文本字段，即可生成属于自己的文本或者图片库，如下图所示。插件下载地址：https://www.figma.com/community/plugin/731627216655469013/Content-Reel。

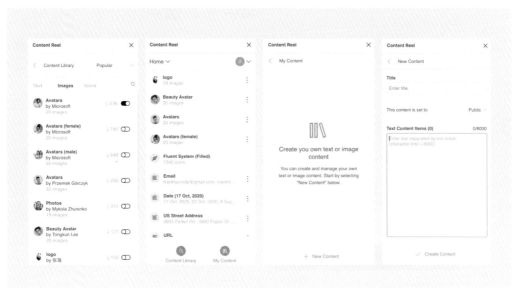

5. Autoflow：交互流程添加插件

Autoflow插件可以自动在两个元素之间建立箭头，并且可以智能绕过不相关的Frame和元素，非常智能，如下页第一幅图所示。这应该是交互设计师非常喜欢的插件之一。

要进行连线操作，首先要在Plugin菜单中执行Autoflow插件，然后依次选择原始连接元素和目标连接元素，此时两个元素就会被自动连接起来，如下图所示。Autoflow下载地址：https://www.figma.com/community/plugin/733902567457592893/Autoflow。

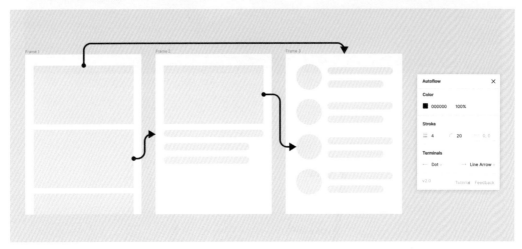

6. Charts：图表生成插件

Charts可以用来生成不同形式的图表，包括饼图、点状图、折线图等图表。另有一款Charts插件，功能更加全面，样式更多，不过Charts的高级功能需要付费。插件下载地址：https://www.figma.com/community/plugin/731451122947612104/Charts。

7. Vector 3D：样机生成插件

此款插件预置了多种3D样机，包含手机、电脑、手表，甚至易拉罐、图书、名片等素材。只需完成平面的UI效果图，然后直接将设计放入样机中，如下两幅图所示。插件下载地址：https://www.figma.com/community/plugin/769588393361258724/Vectary-3D。

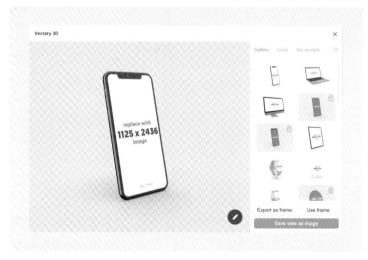

8. SmoothShadow：平滑阴影生成插件

　　在做设计的时候，我们通常会发现，使用软件原生的投影输出的效果比较生硬，而此款插件则可以生成更加平滑的阴影效果。只需选中需要赋予阴影的图层，然后执行此插件即可，如下图所示。

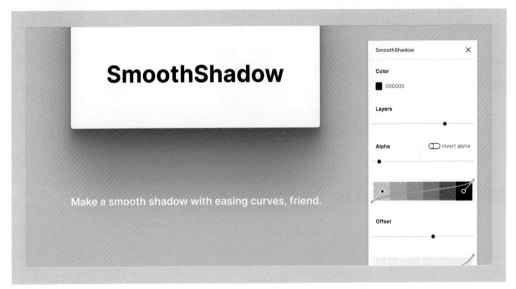

　　插件下载地址：https://www.figma.com/community/plugin/788830704169694737/SmoothShadow。

9. Find and Replace：查找替换文本插件

　　这款插件可以设计稿中特定的文本，然后进行批量替换。也是设计师常备的插件之一。只需打开插件，然后输入要查找和替换的内容即可。插件下载地址：https://www.figma.com/community/plugin/735072959812183643/Find-and-Replace。

10. Figma Chinese Rename：智能中文命名图层

如果你比较害怕英文，那么这款插件可以帮你整理好图层名称，比如你不知某个含有"图片"的图层怎么命名，打开插件，查找，然后选择对应的图层，单击覆盖，这个图层就自动被命名为正确的英文了。是不是非常方便？如下图所示。类似插件还有Better Font Picker。插件下载地址：https://www.figma.com/community/plugin/817636639982340201/Figma-Chinese-Rename。

11. Similayer：全选相同属性的图层

在上一节中，我们介绍过Figma菜单中也有选择相似属性图层的工具，这个插件是前者的增强版。可以帮你选择相同字体、相同图层属性、是否锁定的图层、是否是遮罩图层等图层条件，并进行筛选，真是太方便了。插件下载地址：https://www.figma.com/community/plugin/735733267883397781/Similayer。

12. Chinese Font Picker：中文字体选择器

Figma与其他同类型UI设计工具都有一个通病，那就是对中文字体的支持不太友好。选择字体的时候，要么找不到，要么无法显示中文名称，让人非常头疼。这款中文字体选择器插件让选择中文字体成为一种享受，所有电脑上安装的字体都可以正确地显示出来，非常适合国内设计师使用，如下图所示。插件下载地址：https://www.figma.com/community/plugin/851126455550003999/Chinese-Font-Picker。

13. To Path：附加到路径

在Figma中，附加到路径功能并不是自带的，需要借助To Path插件来完成。首先选择一条曲线，然后选择一个元素或者文本，然后单击插件面板中的Link按钮，此时图形或文本将被附加到路径上，如下页第一幅图所示。插件下载地址：https://www.figma.com/community/plugin/751576264585242935/To-Path。

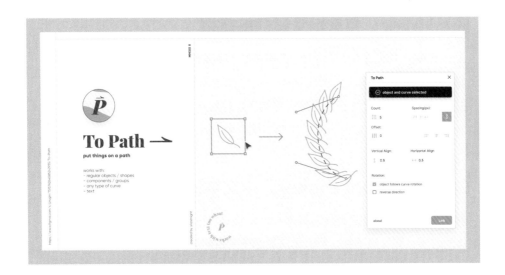

14. Mockup：应用画板到透视图形

 不同于上文介绍的样机插件，在此款插件中，首先要选中一个最少是四边形的矢量图形，然后选择一个需要置入其中的Frame，此时这个Frame就会被自动放入选中的矢量图形中。插件下载地址：https://www.figma.com/community/plugin/817043359134136295/Mockup。

15. Image Palette：提取图像配色插件

 这款插件可以提取一张图片中的五种主要颜色，适合用来塑造情绪版，为应用进行配色。具体效果，请看插件主页上的图片演示吧，如下图所示。插件下载地址：https://www.figma.com/community/plugin/731841207668879837/Image-Palette。

16. Blobs：不规则矢量色块创建插件

Blobs可以用来创建各种随机的圆滑色块，并作为页面背景效果来使用。如果想让自己的页面多一点纹理质感的话，不妨使用这种方式来生成色块。插件下载地址：https://www.figma.com/community/plugin/739208439270091369/Blobs。

17. Humaaans for Figma：免费矢量人物图库

Humaaans 之前已经在各种设计软件上推出过插件，此次它也来到了Figma上。这个插件库是完全免费的，内置多种矢量人物素材。可以对多种动作、四肢进行组合，是名副其实的纸娃娃系统，如下图所示。插件下载地址：https://www.figma.com/community/plugin/739503328703046360/Humaaans-for-Figma。

18. Able：色彩对比度测试插件

Able插件可以测试不同颜色组合的对比度及可用性，并对比不同状态下的样式，帮你做出正确的选择，如下页第一幅图所示。插件下载地址：https://www.figma.com/community/plugin/734693888346260052/Able-%E2%80%93-Friction-free-accessibility。

19. Design Lint：测试设计稿中的各种错误

在设计稿交付开发之前，需要对设计进行进一步的检查，确保设计的一致性。这款插件可以帮助我们检查设计中的颜色、字体、样式、边框区域是否存在不一致的问题。另外，它是完全实时的，可以一边做设计一边进行检查，它会自动刷新错误，如下图所示。插件下载地址：https://www.figma.com/community/plugin/801195587640428208/Design-Lint。

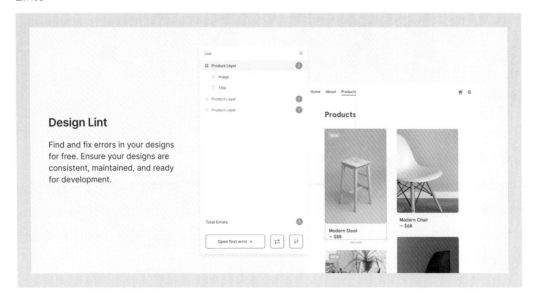

20. Noise：创建杂点效果

在Figma中创建杂点，杂点效果的使用范围非常广，比如可以在图标或插画中为物体添加纹理效果，这个时候就会用到杂点效果，如下图所示。插件下载地址：https://www.figma.com/community/plugin/752558325552095625/Noise。

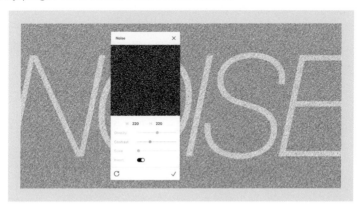

21. TinyImage Compressor：图片压缩插件

TinyImage Compressor类似网页上的TinyPNG，可以对导出的图片进行体积优化，压缩后的图片依然保持原图片的质量，非常神奇。体积最大会优化到原图的百分之十几，优化效果惊人。要想使用TinyImage Compressor，首先要在Figma中将图片设置为可导出，然后执行这个插件，此时插件会将所有可以导出的图片列在界面中。此时，可以选择一个压缩比例来对图片进行压缩，也可以对这些图片创建GIF动画，如下图所示。

插件下载地址：https://www.figma.com/community/plugin/789009980664807964/TinyImage-Compressor。

22. WireFrame：低保真原型图组件

WireFrame插件内置了多种原型图模块，其中包含350多个原型图模块，从PC端到移动端应有尽有，如下图所示。模块非常丰富，如果你是产品经理，那么这款插件完全可以满足你创建优雅好用的低保真原型图的需求。快安装吧！插件下载地址：https://www.figma.com/community/plugin/742764242781786818/Wireframe。

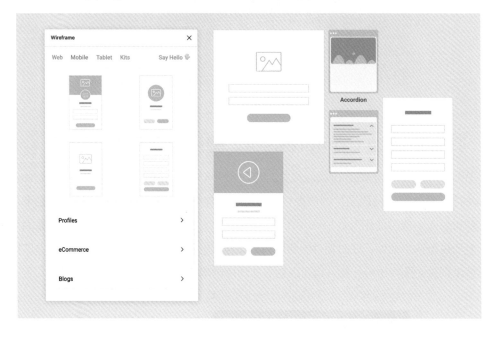

静电说：Figma中有很多非常有用的插件等着我们去发掘，平时多去Figma官网的插件页面找找，更多新鲜好用的插件等你来分享，也欢迎与我联系，把你喜欢的插件告诉我。

那些让你大呼好用的 Figma 小技巧

Figma中有非常多的隐藏小技巧，运用这些小技巧可以提升工作效率，让Figma在做UI设计时更好用、更顺手。

1. 复制粘贴图层属性

有时候我们需要把一个图层的属性快速赋予一个新图层，此时只需要选中原图层，按快捷键苹果键（Ctrl）+Alt+C，并用快捷键苹果键（Ctrl）+V粘贴到新的图层上即可。比如我们可以轻松复制一个矢量图形的描边、阴影、填充等效果。如果需要复制单一属性，只需要在右侧属性检查器中选择需要复制的属性，按快捷键苹果键（Ctrl）+C，然后按快捷键苹果键（Ctrl）+V，粘贴到另一个对象上即可。

2. 快捷拖曳调整数值

在Figma的属性检查器中，需要调整数值的时候，只能左右拖动数值框前边的名称来改变数值。现在，只要按住键盘上的Option（Alt）键，即可将鼠标悬停在数值输入框上，然后通过拖曳调整数值。比如元素的宽高、坐标值、旋转角度等，都可以用这种方式来调整。

3. 快捷调整图层透明度

选中需要调整的图层，然后直接按数字键1～9即可快速设定透明度。例如，按一下数字键1，透明度调为10%；按两下数字键1，透明度调整为11%，以此类推。

4. 一次导入多张图片并放置在对应位置

要一次插入多张图片，并分别把这些图片放到不同的位置，可以使用快捷键苹果键＋Shift+K（Mac系统）或Ctrl+Shift+K（Windows系统），然后在选择器中选择多张图片。此时鼠标指针将会变为下图所示样式，只需分别单击，将图片放到你希望的位置即可。

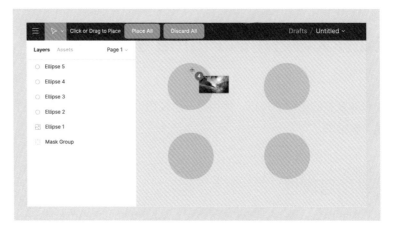

5. 批量重命名图层

选中需要重命名的图层，然后右击，在弹出的快捷菜单中选择Rename（重命名），在如下图所示的对话框中，可以选择待替换的目标文字，以及希望换上的内容，还可以加上默认的序号或者文本字段。这个功能非常好用，大大提高了工作效率。

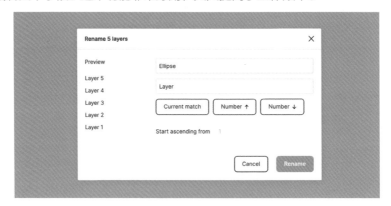

6. 智能移动排列多个元素

很多情况下我们需要移动如下图所示的菜单栏中的菜单和图标的位置，此时只需全部选中需要移动的元素图层（组），Figma就会自动识别这些元素，并在选择框中出现如下图所示的小红点拖动把手，只需要使用鼠标拖动，它们就可以互换顺序，且依然保持对齐和均匀分布状态。

7. 全选具有相同属性的元素

Figma提供了选择具有相同属性的元素的功能，它们隐藏在Edit→Select All with Same…中。我们可以使用此功能来快速整理自己的设计稿，以便让它们更加整洁有序。通过此功能可以一键选择具有相同填充、描边、效果、文本样式、字体的图层，如右图所示。

8. 快速创建扇形（弧形）

在Sketch中，创建扇形是一件非常麻烦的事情，而Figma则让这个操作变得无比简单。首先，创建一个圆形，然后用鼠标拖动圆形的相应节点，即可方便地创建弧形、扇形、环形等各种基于圆的形状，如下页图所示。

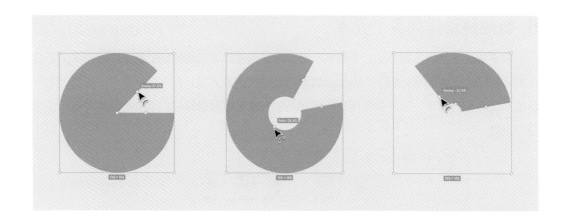

9. 在 Figma 中使用 Gif 动画

由于Figma基于网页，所以使用Gif动画变得轻而易举，直接将Gif动图拖到工作区域即可，但是在编辑状态下它是不会动的，只有预览时才会动起来。

10. 在属性检查器的数值框中进行数学运算

与Sketch类似，我们可以直接在属性检查器的数值框中进行数值运算。Figma支持常用的加（＋）、减（－）、乘（×）、除（/）操作。比如在数值框中执行300×2，最终计算结果为600，相当于放大至2倍。

11. 将高保真设计稿转换为低保真线框图

选择Figma右上角的缩放菜单，然后选择Outlines选项，即可将高保真设计稿转换为线框图模式。但是这种方式只能看，不能直接导出。使用插件Wire Box可以进行更彻底的转化。安装插件后，选择需要转化的Frame，然后执行插件即可。如下页第一幅图所示。

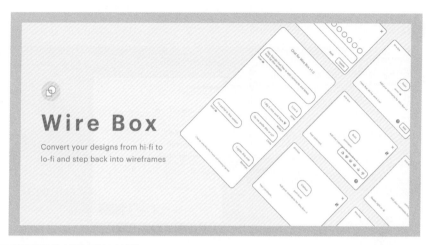

如下图所示为转化后的效果。

12. 旋转复制功能

Figma中并没有内置旋转复制功能，可以通过插件RotateCopies来实现，如下页图所示。RotateCopies插件下载地址：https://www.figma.com/community/plugin/841400867216942053/Rotate-Copies。

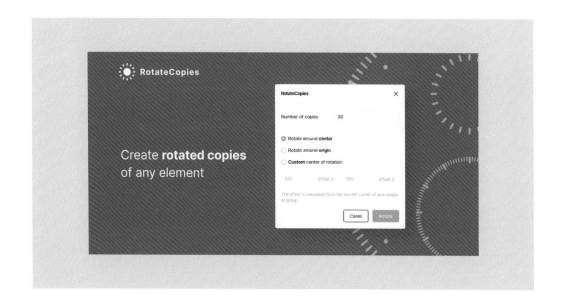

02-08

界面中的约束与自适应布局

扫码看本节视频　　扫码看本节视频

由于移动端屏幕的多样性，所以针对一套设备尺寸所做的UI界面可能需要去适配另一套不一样尺寸的设备。比如做了适应iPhone 8的屏幕的UI界面后，由于iPhone 8 Plus的屏幕更宽，所以需要针对此尺寸来进行适配处理。在Figma中，约束（Constraints）和自适应布局（Auto Layout）可以帮我们快速完成适配。

1. 什么是约束（Constraints）

约束主要针对含有多个元素的一个Frame或Component（元件）。指定了约束后的Frame或者Component，左右或者上下拖动其宽度或者高度，其中的元素会随着数值变化而进行有规则的分布。如下图所示，左侧的布局在屏幕变宽后，其布局依然保持不变。

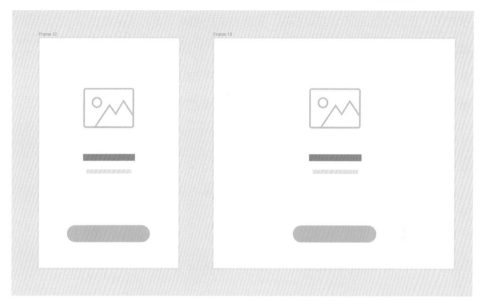

需要说明的是，只有在Frame和Component（元件）中的子元素才有约束
（Constraints）选项。选中这些子元素，右侧属性检查器中会出现如下图所示的选项。

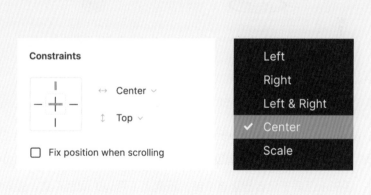

通过单击左侧的坐标缩略图（或者通过调整右侧下拉框的选项），可以指定某子元素在
缩放父元素时，按照何种规则进行浮动。比如横向居左浮动、纵向居中浮动，等等。下面通
过图示的方式来演示每个组合所产生的效果。X轴的变化如下页图所示。

状态01：图形永远居于父容器左侧，距离左边的间距不变。

状态02：图形永远居于父容器右侧，距离右边的间距不变。

状态03：图形永远居于父容器中间。

状态04：图形永远居于父容器中间，距离左右两边的间距不变，图形横向拉伸。

状态05：图形永远居于父容器中间，距离左右两边的间距变化，图形横向拉伸。

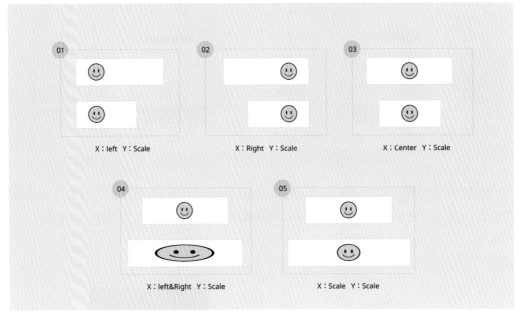

Y轴的变化如下页第一幅图所示。

状态01：图形永远居于父容器顶部，距离上边的间距不变。

状态02：图形永远居于父容器底部，距离下边的间距不变。

状态03：图形永远居于父容器垂直中部。

状态04：图形永远居于父容器垂直中部，距离上下两边的间距不变，图形纵向拉伸。

状态05：图形永远居于父容器垂直中部，距离上下两边的间距变化，图形纵向拉伸。

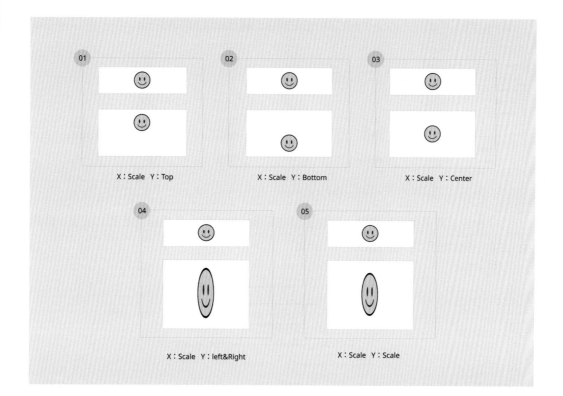

2. 使用约束（Constraints）创建自适应菜单栏

接下来用实例来进行练习，如下图所示的菜单栏，在宽度进行变化的同时，横向均匀分布，同时菜单中的元素比例和文字保持不变。这种均匀分布的菜单变化使用范围非常广泛，各位读者务必进行实际操作加强练习。其中涉及一些较复杂的细节以及多层嵌套。

首先创建五个图标（icon）+文字的图层或组。编组层级如下图所示。

为了各位读者更直观地理解，我将图层的层级结构分解，从底层层级到父层级，顺序为：文字、形状等图层<组<图标层<Frame。

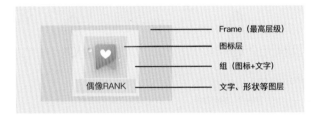

将这五个图标按这种层级排列好，每个图标对应一个Frame，一共五个Frame。请注意，为了后期能让图标均匀分布，请保证每个Frame的尺寸一致。接下来，首先选中图标图层和文字图层，观察右侧属性检查器，将它们的约束属性进行如下图所示设置。

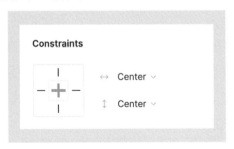

这种设置确保图标和文字始终在编组图层中横向和纵向居中。

接下来选中上级的"组"（Group）图层，同样按照上图所示设置，这样设置的作用是为了保证这个组基于上一级的Frame在拉伸的时候横向和纵向都居中。按照这样的方式，将五个图标（icon）的Frame都设置完成。

然后，全选这五个Frame，右击，在弹出的快捷菜单中选择Frame Selection。此时的图层结构如下图所示。

接下来，全选从"01-icon"到"05-icon"的Frame，在右侧属性检查器中为Constraints设置如下图所示的属性。至此就大功告成了。横向拖动父级的Frame宽度，你会发现这些图标会横向均匀分布。

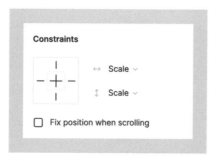

静电说：为何我们要进行多层的图层嵌套？本质上是为了保证图标组能在父级的Frame进行拖动的时候均匀分布，如果不进行这一步，那么安装Figma中最简单的设置，左侧的图标永远都居左，且永远相对于左侧边的距离一样，这并不是我们想要的效果。

3. 使用约束（Constraints）创建自适应列表

接下来这个实例将使用一本书的信息列表。拖动Frame让宽度变长，会发现图书介绍的文字会随着宽度进行变化，而其他内容也会进行相应的变化和调整，如下页第一幅图所示。

首先，创建上图的设计，先建一个Frame，背景设置为白色，然后左侧放入书封面素材，右侧按照上图将文本字段排好，图层结构如下图所示。

在列表区域变宽后，我们希望图书封面永远居左，书名、作者、书类型紧贴书封面右侧；书简介随着宽度变化，文本框发生变化，文字自然折行；书的字数字段居右。

我们按照如下步骤进行设置：

书封面、书名、作者、书类型的设置如下页第一幅图的A所示；书名稍微特殊，如下页第一幅图的B所示；书的字数字段设置则如下页第一幅图的C所示。

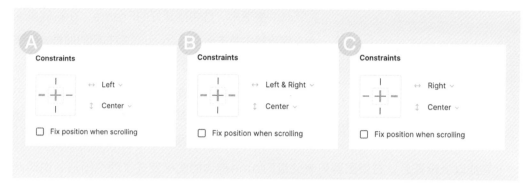

对于文本字段，请设置文本居左显示，文本框选择Fixed Size。按照此种设置完成后，就可以实现Frame中的内容随着宽度或者高度自适应调整的效果。

4. 创建 Auto Layout 布局

不同于约束（Constraints）， Auto Layout的主要功能是在元素内部字段的宽、高发生变化后，其他与之相邻的元素自动进行移动，以适配不同的宽、高变化，保持页面布局统一。

紧接着上一个的实例，将三个列表进行横向排列，使用Auto Layout布局后，如果增加其中一个列表单元的宽度，其他列表会跟随其移动。如下图所示。上一行是宽度变化前的效果，下一行是宽度变化后的效果。

要实现这个效果非常简单，首先选中上一个实例中做好的列表单元，复制三个，并横向排成一行，确保间距均匀。然后，全选这三个列表单元的Frame，右击，在弹出的快捷菜单中选择Frame Selection，创建一个父级的Frame。

接下来，选中刚建好的Frame，在右侧属性检查器中单击Auto Layout面板右侧的加号，新建一个自动布局。按左图所示进行设置。

请注意由于是横向排列，我们需要选择面板中的Horizontal（横向布局）、Auto Height（自动高度）。下方的内间距属性，保持默认即可。

完成以上设置后，右侧图层列表父级Frame前边的图标变成了两个矩形，说明此Frame在使用自动布局。

接下来，再做一个标签宽度自适应的例子。如右图所示，随着标签中文本长度的变化，标签背景也随之变化。

首先，绘制一个圆角矩形作为标签背景，然后在其中添加文本图层，让文本图层左右和垂直均居中。请注意，文本图层属性中，请选择Auto Width、Text Align Center及Align Middle，如下图所示。

接下来，选中文本图层和标签背景图层，执行右侧属性栏中的Auto Layout，属性保持默认即可。 此时，任意改变标签的内容，标签背景也会随着文本长度进行变化。当然，如果想要让文本折行，标签的高度也会相应发生变化。

最后，我们同样复制多个做好的标签（Frame），并横向排列好，全选这些标签，再次执行右侧属性栏中的Auto Layout，选择面板中的Horizontal（横向布局）、Auto Height（自动高度）。这时所有标签会随着某个文本标签的宽度不同而自动变化，如下页第一幅图所示。

静电说：Auto Layout属性和约束属性都可以进行多层嵌套，请活用这个功能，做出更加灵活方便的自适应布局界面。在制作过程中，请务必保持头脑清醒，注意嵌套和约束的层级关系。

02-09

Figma 交互功能详解

扫码看本节视频

　　Figma中可以实现一些不太复杂的交互效果，借助这些效果，可以将自己的设计稿串起来，形成可以在PC端和移动端进行操作的高保真交互稿。在做好设计稿后，可以单击页面右侧的属性检查器，切换到Prototype面板，即可开始制作交互效果，如下图所示。

在未选中任何图层的情况下，Prototype面板如上图所示。从上到下依次为Device（设备类型）、Model（设备颜色）、Background（展示背景）。在设备类型中，可以选择自己想要展示的样机的类型，从iPhone到iPad再到智能手表，从传统展示尺寸到自定义尺寸，均可找到。另外在右上角可以选择使用横屏还是竖屏进行展示。Background（背景）栏目则可以定义展示的背景色。Starting Frame则可以设定启动页，也就是展示的时候第一个展示的页面是哪个。

1. 创建基本交互效果

选中某个图层或者Frame，然后切换到属性检查器的Prototype面板，即可开始制作交互效果，如下图所示。

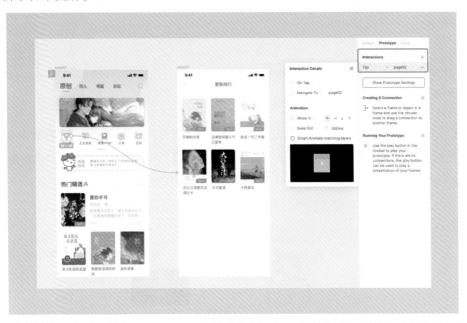

选中某个元素后，单击Interactions右边的加号，即可开始创建。首先为上图的金刚区按钮创建一个单击动作，选择动作为：Tap（点击），链接目标为Page02，此时执行单击后跳转到Page02这样的交互效果。也可以在Page01的链接图层的蓝色选框右侧单击圆形标志，然后拖动箭头到目标图层，即可完成交互效果的创建。

要编辑交互效果，可以选中蓝色的箭头连线，然后在Interaction Details面板中即可查看可编辑的选项。面板分为：动作、交互动画效果、目标图层以及Animation中的相关属性。

交互动作一览

On Tap / Click（点击或单击）

点击或单击动作，用户手指或者鼠标放在元素上，手指触碰到此元素然后离开，或者鼠标单击然后松开，即执行了一次点击或单击动作。这个动作可以用来表示用户打开链接、菜单、按钮或者轮播图等行为。

On Drag（拖曳）

拖曳，通过此操作可以在屏幕上用手指或者鼠标拖曳元素，从而触发某个动作，比如手指在屏幕边缘从左向右滑动返回到上一页的效果。

While Hovering（在悬停时）

鼠标悬停在指定图层时触发动作，可以使用此方法来制作悬停提示效果。一旦用户的鼠标离开交互图层，则会返回到原始图层（Frame）。在进行移动端操作的时候，鼠标悬停状态会被自动更改为单击触发。

While Pressing（在按下时）

在移动设备上，手指按下，不离开屏幕。使用鼠标操作时，鼠标按下，不松手。这种动作就是While Pressing动作。这个动作可以用来完成类似3D Touch的效果，或者一个下拉菜单的动作。

Keyboard and Gamepad Shortcuts（键盘和游戏手柄按键）

通过按键盘或者游戏手柄上特定的按键或者按键组合，来响应某个动作。比如设定Ctrl+U为返回，按下键盘上相应的键后，则会执行返回到上一页的操作。目前Figma支持Xbox One、PS4和 Nintendo Switch Pro控制器。其他第三方控制器也可以使用，但是按键可能无法准确显示。

Mouse Enter（鼠标进入）

当鼠标进入到指定区域后，执行目标动作，显示目标内容。请注意，当鼠标离开指定区域后，系统不会进行下一步反馈。可能需要再添加"鼠标移出"动作，才可以执行后续效果。

Mouse Leave（鼠标移出）

当鼠标移出指定区域后，执行目标动作，显示目标内容。

Mouse Down（鼠标按下）

当鼠标在指定区域按下的时候，触发"目标"帧。在移动设备上操作时，是指用户触摸到热点的时候。

Mouse Up（鼠标释放）

当用户释放鼠标按键或者触摸板的时候，触发"目标"帧。在移动设备上操作时，指的是用户手指不再触摸热点的时候。配合使用"鼠标按下"和"鼠标释放"动作，可以模拟应用中下拉菜单的交互和选择效果。

After Delay（延迟后）

此动作相当于一个定时器，设定一定时间后触发操作。请注意，这个动作只能用于顶层的框架（Frame）中，而不能用于具体的图层或者对象。在不符合条件的情况下，After Delay选项会以灰色不可选状态显示。

交互动画效果一览

点击或单击动作下方即是交互动画效果选项。如下图所示。

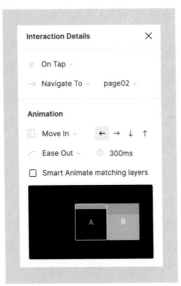

Navigate To（跳转到）

这个动作可以让你从原型中的一个Frame跳转到另一个Frame。

Open Overlay（在上方覆盖打开）

如果要在当前页面上方设置一个弹层，使用这种方式是最好的选项。可以选择弹层弹出的位置，以及是否有黑色透明的背景覆盖在弹层下方，等等。请注意，如果两个Frame的大小相同，那么使用Navigate to和Open Overlay则并没有太大区别。

Swap With（以……交换）

这个效果会以目标框架取代当前框架（Frame）。如果从常规的热点触发，它与Navigate to 并没有太大区别。但是，Swap With并不会把这个动作记录到原型的历史记录中，如果使用"后退"操作在Frame中进行跳转，建议使用Navigate to 命令。

Open Overlay和Swap With的主要用法请看下图，第一步操作为Open Overlay，第二步操作为Swap With。

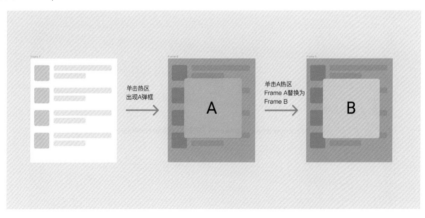

Back（返回）

如果使用了Navigate to 动作从Frame A跳转到了Frame B，那么可以在Frame B中设置返回按钮为"Back"，此时它将执行一个返回的动作。

Close Overlay（关闭叠加）

此效果与Open Overlay相反，如果使用Open Overlay效果打开了一个覆盖层，那么这个动作可以关闭覆盖层。比如可以在上图的弹层上添加一个关闭按钮，并把这个按钮设置为Close Overlay，此时，将会回到没有覆盖层的状态。如下页第一幅图所示。

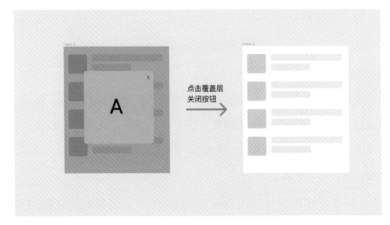

Open Link（打开链接）

顾名思义，可以通过这个选项设置一个外部链接，只需输入URL即可。但是，第一次打开时，Figma并不会直接打开该URL，而是弹出一个提示页面告诉你将要访问的网站。你可以在如下图所示的页面中关掉这个提示。

2. 交互动画效果

选中某个图层或者Frame，然后切换到属性检查器中的Prototype面板，即可开始制作交互效果。

Instant（瞬间过渡）

采用这种交互动画效果，不会有任何"动画"过渡产生。在执行热点交互后，Figma会立即显示目标框架（Frame）。

Dissolve（溶解）

这种过渡效果会产生一个渐隐效果，也就是透明度从100%变为0。

Smart Animate（智能动画）

智能动画类似Keynote中的神奇移动。它会在两个过渡Frame中匹配图层，识别出这些图层在两个帧中产生了哪些变化，并对这些变化过渡显示设置。如下图所示，系统识别到Frame A和Frame B中有同一个图层，则使用智能动画进行过渡显示时，会产生如下过渡效果：①Frame A大小、透明度渐变；②Frame A渐变移动到右下角。

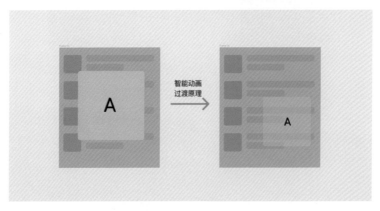

Move In / Move Out（移入/移出）

移入和移出是两个常用的UI交互动作。在这两个动作中，原Frame保持不动，目标Frame覆盖在原Frame上方并从指定方向移动到场景中，如下图所示。

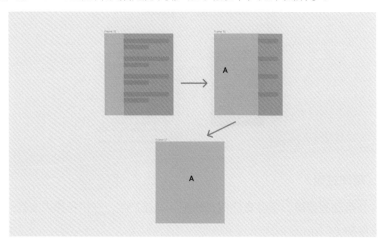

Push（推入/推出）

推入/推出和移入/移出容易混淆。其实只需注意一点，移入/移出时原始图层是不动的，而推入/推出时背景会与目标图层一起移动，如下图所示。

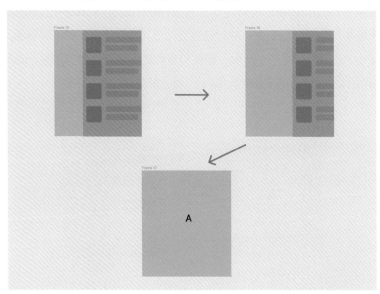

Slide In / Slide Out（滑入/滑出）

滑入/滑出容易和推入/推出弄混。与推入/推出相比，滑入/滑出动画在原始层移动的同时，增加了透明度的变化，如下图所示。

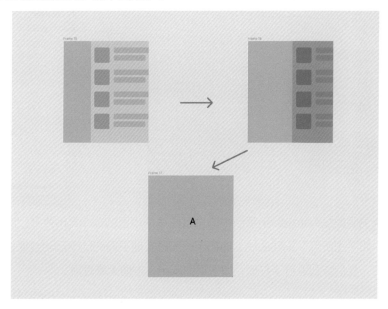

3. 交互属性调节面板

设定交互效果后，如果对其进行编辑，可以直接单击不同Frame之间的交互线条，此时右侧属性检查器中即可显示当前交互的属性。如下页前两幅图所示。

在下页第一幅图左侧的面板中，Interaction Details项目可以调节单击手势及目标Frame。

而Animation项目中，根据Interaction选择的动作不同，下方的面板会发生相应的变化。其中Navigate to是最常用的面板之一，在这个选项中，下方的Animation面板分别可以调整过渡方式、方向、渐隐渐现效果及持续的时间等。

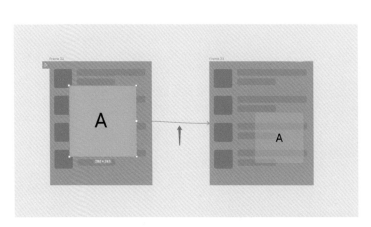

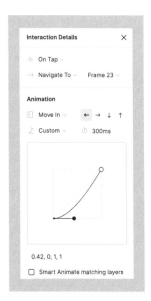

　　需要特别说明的是Animation项目中的过渡曲线选项里的Custom效果，可以在此自定义动效曲线，如下图所示。拖动曲线上的把手，即可实现不同的动画运动效果。关于常用动效曲线的种类，我们特别进行了整理，如下页图所示，方便大家理解。

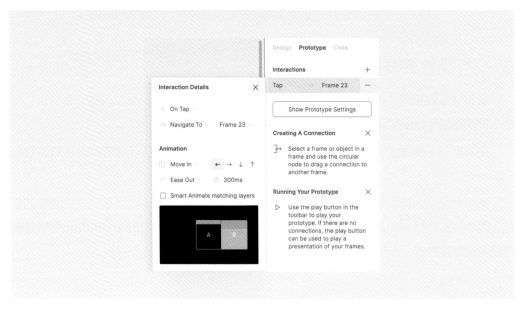

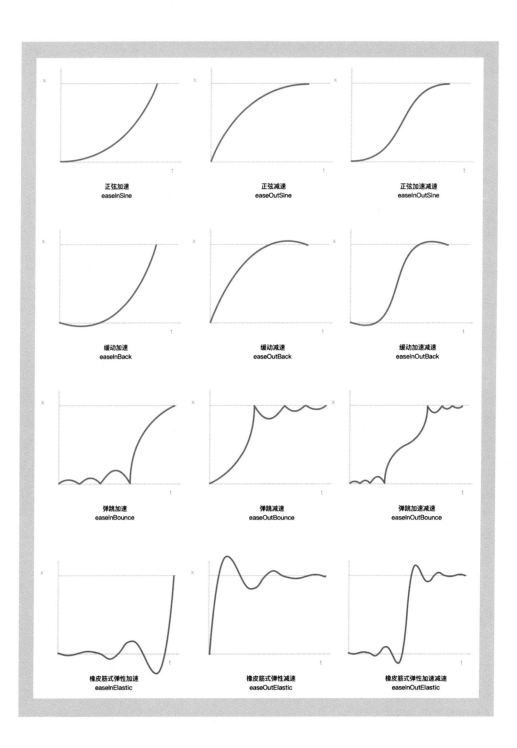

请注意，Figma中的动效曲线不能添加多个节点，因此无法做类似橡皮筋弹跳加减速等基于多个节点来完成的动效。

4. 交互动画实例演练

实例一：页面滚动效果

Figma中可以实现长页面的滚动效果，当然滚动可以有各个方向，横向、纵向，以及横向和纵向一起滚动。我们先来完成一个长页面的纵向滚动效果。

首先，准备一个长页面，将这个长页面放入一个Frame中，如下图所示。

此时，选中这个Frame，然后转到右侧属性检查器，找到Overflow Behavior选项，如下页第一幅图所示。由于只需要进行纵向滚动，所以选择Vertical Scrolling。

滚动类型一共有4种：No Scrolling、Horizontal Scrolling、Vertical Scrolling、Horizontal & Vertical Scrolling、分别是不滚动、横向滚动、纵向滚动、纵向和横向都滚动，请大家根据需要选择，一般来说，纵向滚动是使用比较多的。而纵向和横向都滚动一般用于地图等需要拖曳的场景中。

设定完成后，单击Frame上方的预览按钮，如下图中箭头所指，即可进入预览界面。在如下页第一幅图所示的预览界面中，可以上下滚动页面来进行操作，也可以将页面发送到手机上，用手机来进行预览。

静电说：请注意，有时候针对单个Frame来做滚动效果后，在滑动时，页面无法正确地定位。经常会出现滚动超出边界的情况，此时不妨在Frame中再次嵌套一个Frame，对这个嵌套的Frame做滚动交互效果。

实例二：卡片翻动效果

通过键盘上的向左和向右方向键的控制，来实现卡片切换效果。如下图所示，我们分别准备三张图片，并把这三张图片放入Frame中。

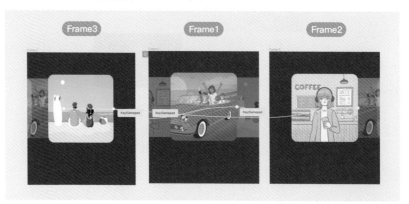

可以先做一个Frame，将其中一张图放大，另外两张图放在第一张大图下方，并加入透明度，同时，将Frame背景设定为黑灰色，让图片更加突显。然后按上页样式图复制两个

Frame，并分别摆成左右两边的状态。

　　接下来添加手势，选中Frame1中间的图片，切换到Prototype面板，按下图所示
参数添加手势。这次使用的手势是Key/Gamepad，可以自定义键盘上的任何一个键来进
行响应。由于Figma中没有左滑或者右滑手势，所以交互动作的使用受到了局限。

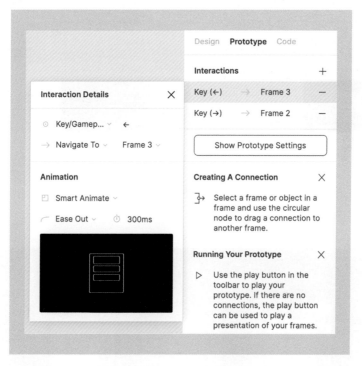

静电说：需要注意，在将图片移动到Frame边缘的时候，图片可以自动移到Frame图层
组的外边，请务必确保三个图片都在Frame结构中，如果移到外边，请手工通过图层调整
将其放在Frame结构中。

　　在Animation面板中，选择Smart Animate功能，这个功能会自动侦测两个过渡中的相
同图层，并根据图层的属性来实现平滑的过渡效果。

　　同理，为Frame 3和Frame 2分别设定相应的手势，如下页第一幅图所示。

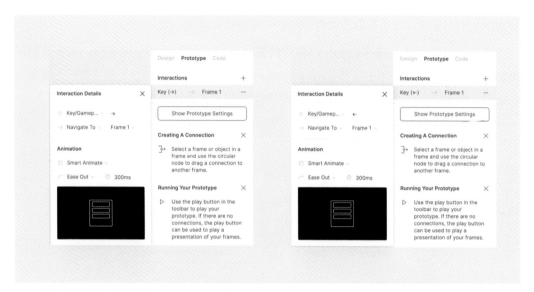

接下来单击预览按钮，即可查看效果，使用键盘左/右方向键来控制卡片的变化，实现切换效果，如下图所示。

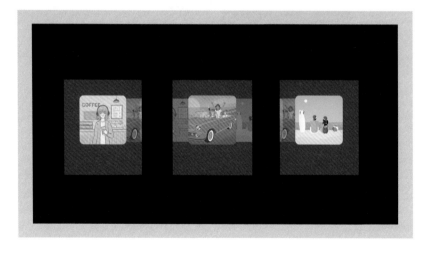

静电说：由于Figma中没有左滑或者右滑手势，所以我们可以用单击动作来临时代替左/右滑动的手势。

Figma 如何与 Sketch 及 Adobe XD 结合使用

相信使用Figma的小伙伴大部分都用过Sketch或者Adobe XD（简称XD），如今UI设计工具越来越多，每个应用都有自己的使用群体，而不少想转换到Figma的小伙伴也会有这样的问题：如何从Sketch或者XD平滑过渡到Figma，或者如何在Figma、Sketch和XD之间相互转换文件格式。如下图所示。

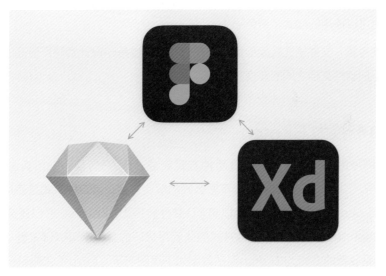

1. 进行格式转换的原因及必要性

为了便利的团队协作。在一个团队中，很多情况下使用各个工具的人都有，这样在沟通和交流的时候就存在问题。使用Figma的小伙伴无法打开XD或者Sketch的设计稿，反之亦然。这势必造成沟通和协作成本上升，不利于团队交流。

成本问题。XD和Figma是免费的（部分高级功能收费，但很少用到），Sketch则是按年收费的。免费软件对于成本敏感型用户非常具有吸引力，特别是对于一些自由职业设计师而言，他们会更关注这点。

功能侧重点不同。Figma倾向于图形绘制、交互与协作，功能较为均衡。Sketch强调图形绘制能力。而XD功能较简单，上手速度快。有时候我们要借助一些其他工具，来完成一些工具无法完成的功能和效果，最后导入Figma中来实现高保真原型制作的功能。所以，三款软件我们可能都要用到。

平台兼容性。Figma是基于Web的设计工具，只要可以上网，能打开浏览器，用任何平台都可以进行操作。XD具有Windows和Mac多平台客户端。Sketch则只能在Mac平台上使用，这就限制了很多设计师的使用和软件的普及。但是由于Sketch的资源丰富，一些Figma或者XD的用户也希望能够打开其文件来获取某些设计资源。

灵活性考虑。假如某一天使用的特定工具停止更新或者无法使用了，就要考虑将其转换为另一种工具可以使用的格式，避免损失。

基于这些考量，文件格式转换显得非常有必要。这也是UI设计师呼声最高的诉求之一。接下来介绍不同软件文档之间的转换方法。

2. 从 XD 转换为 Sketch

从XD到Sketch的转换可以通过两种方式完成：SVG转换——所有画板均导出为SVG，然后导入Sketch中。这是一个不怎么好的解决方案。第二种方式是使用转换器——XD2Sketch.com。XD2Sketch可以将XD文件转换为Sketch。它们还会在将来支持Figma to Sketch和更多格式。这种方式的体验是最好的，大家可以试试看。但是，目前XD2Sketch是收费的。XD2Sketch网站截图如下页图所示。目前XD2Sketch支持多种文件格式的转换，有需求的小伙伴可以考虑一下。

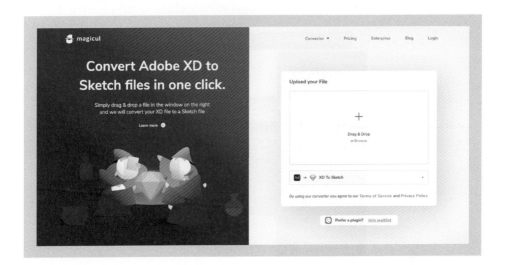

3. 从 XD 转换为 Sketch

可以用前面提到的SVG的转换方式。这不是一个很好的解决方案，希望未来有转换器研发出来。目前XD2Sketch也可以做到，但缺点仍然是要收费。有趣的是，Sketch官方并不提供从Figma到Sketch的解决方案，虽然这可以吸引更多的用户，也许它们不想让软件直接的双向转换变得太简单。毕竟在Figma中打开Sketch文件很简单。

4. 从 XD 转换为 Figma

这种转换非常简单，只需要简单复制粘贴，就可以直接将XD的画板粘贴到Figma中。另外一种是导出为SVG转换——从XD导出SVG，然后将其导入Figma中。这不是最好的解决方式，因为图层会发生错乱。

5. 从 Sketch 转换为 Figma

Figma可以直接打开Sketch文件，只需要在Figma的菜单中执行文件→从Sketch文件新建，然后选择Sketch文件即可。可以说Figma完全兼容Sketch文档，这非常方便。如下页图所示。

6. 从 Figma 转换为 XD

如果不想付费，那么只能用导出SVG的方式来进行转换。除了Sketch，Figma和XD都对文件进行了处理，确保其独特性和软件生态不被其他工具侵害。

7. 从 Sketch 转换为 XD

这非常简单，只需在XD中打开Sketch文档即可，Adobe XD对Sketch文件的支持程度不错，对于图层、组件等内容，都能做到近乎完美的转换。另外请注意，XD只能打开Sketch 43版本及以上的文件，如果版本过低，先用新版本的Sketch打开并保存，然后再用XD打开即可。

8. 各取所需，灵活使用不同软件的特性

相对于Figma，Sketch的图形绘制能力明显更胜一筹，对于路径的操作也更加方便，特别是在绘制一些图标的时候，Sketch可以轻松将描边转化为路径，这在Figma和XD中是不好实现的。所以不妨先在Sketch中将一些复杂的图形搞定，然后将其导入Figma中。而Figma的长处在于流畅的操作，缺点则是图形绘制工具相对单薄（受限于浏览器的特性）。

根据上面介绍的各种文件之间的转换，Sketch到Figma的转换是不存在任何障碍的。我们不妨多利用不同软件之间的特性来实现最终的效果。我们正处在一个变革的时代中，各种新事物不断出现，在目前的情况下，任何一个软件都不可能统揽全局。多借助其他工具的优势，顺利达成目标是最佳的选择。

静电说：毫无疑问，使用网站付费转换是效果更好的方式。而导出SVG方式对文件的破坏性是非常大的，原有文件中的图层、元件等数据都无法正确被转换。但是，这种方式在一些特别的时候使用一下还是能应急的。

扫码看本节视频

使用 Figma 完成你的第一页 UI 设计稿

在本节中，使用Figma来完成一页简单的UI设计稿。我尽量将所有的步骤描述得足够清楚，方便初学Figma的小伙伴能快速上手UI界面的设计。

1. 获取 iOS 设计模板文件

大多数情况下，UI设计师会约定俗成地按照iOS的尺寸来做设计稿，然后再转成Android版本。首先，需要获取一份iOS 的UI设计模板文件。这个文件名为iOS_UI_Design.Sketch。 在这个文件中，包含iOS内置的所有设计素材元素。如下页第一幅图所示。我们主要用到的是状态栏素材和Home Indicator（Home Bar）素材。

得到iOS_UI_Design.Sketch文件后，新建一个Figma文档，选择菜单中的File→New from Sketch File，即可打开。如下页第二幅图所示。

接下来找到Status Bar和Home Indicators，复制相应的颜色的素材即可。

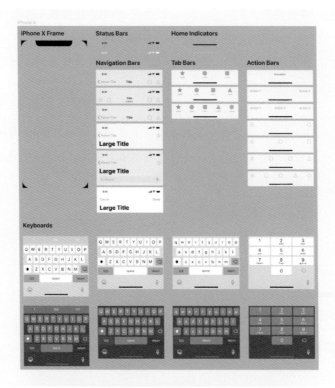

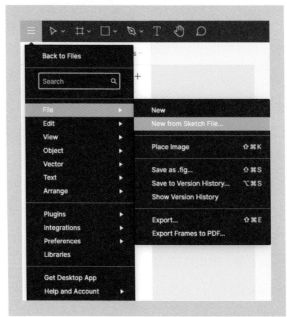

2. 在 Figma 中建立 Frame

接下来，选择File→New，新建一个Figma文档。然后使用快捷工具栏上的#（Frame）按钮或者按快捷键F（或A），在右侧的尺寸中选择375×812，如右图所示。为什么要选择这个尺寸呢，由于全面屏和刘海屏的普及，设计师有必要采用新款的手机尺寸来做设计，而iPhone X以前的机型，如375×667的尺寸，屏幕太短，展示效果并不理想。所以各位读者可以采用这里推荐的375×812尺寸。

Frame建立完成后，将第一步复制的Status Bar和Home Indicator复制到Frame中，并摆好位置。如下图所示。请大家注意，这是所有的UI设计师在设计之前一定要完成的步骤，千万不要忘了。

3. 绘制头部背景

接下来，绘制头部的黄色渐变背景。使用矩形工具，拉一个矩形出来，并放在合适的位置，接着选中矩形图层，转到右侧的属性检查器面板。找到Fill属性，选中如下图所示的径向渐变（Linear），并按照下图设置参数。请注意，两个黄色都设置为#FFDC00，只不过一个的透明度设置为100%，另一个设置为0。

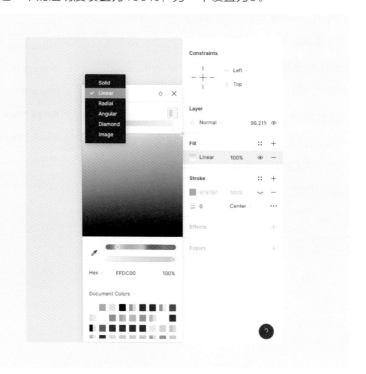

随后，来绘制背景上的纹理。首先使用圆形工具（快捷键是O）绘制一个椭圆形，填充色为白色，然后旋转一定角度，接着，双击进入路径编辑模式，接下来选择钢笔工具，将鼠标移动到路径上，此时鼠标指针下方会出现一个+号，单击，增加一个节点，并按下页第一幅图所示调整节点的位置和贝塞尔曲线。

最后，将制作出的不规则图形复制一份，并分别调整不同的角度，放在如下页第二幅图所示的位置，然后调整透明度。在很多时候，如果不想让背景过于单调，就可以绘制一些基础图形并加以变形，通过调整透明度等方式，叠加到单调的背景上，实现很多创意效果。

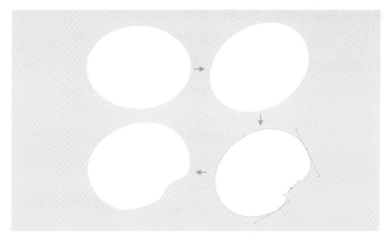

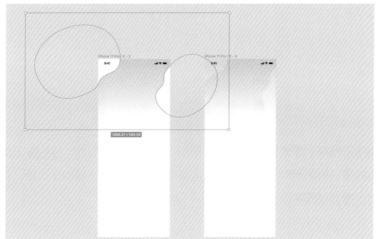

4. 绘制 Tab 菜单、搜索图标及轮播图

接下来在背景上绘制需要的Tab二级菜单，如下图所示。

　　按快捷键T，并在相应位置点选，将"原创""同人"等几个菜单文字打出来。在这里请注意选择"苹方"或者"思源黑体"，不要使用其他字体。

　　选中文字，将当前态设置为"24pt"，非当前态设置为"16pt"，字体颜色为黑色，并加70%的透明度，如下图所示。将文字按一定间距排好，并在当前态文字下方绘制橙色圆角矩形。

　　随后绘制搜索图标。搜索图标由一个环形和一个圆角矩形构成，分别按下图所示绘制。在绘制环形的时候，要用到Figma中的布尔运算中的Subtract（减去）功能，在将环形和圆角矩形组合时，需要使用布尔运算中的Union（结合）功能。

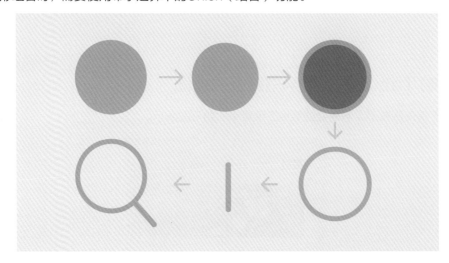

接下来绘制轮播图，轮播图的制作很简单，导入一张图片后，再准备一个343pt×114pt的矩形，并将其圆角设置为8，然后将图片放在上一层，圆角矩形放在图片下一层，确定需要遮罩的位置，然后选中两个图层，并执行Figma快捷工具栏上的Use as Mask命令即可，如下图所示。

请注意，在Figma中使用蒙版，必须将蒙版层放在图片层下方，否则蒙版是无法生效的。

5. 放置金刚区图标

将准备好的金刚区图标放置在轮播图下方，并保证五个图标的宽度与轮播图等宽。然后设置文字为"苹方"或"思源黑体"，字号为12pt，颜色为黑色，透明度为80%，如下图所示。

6. "热门精选"栏目

"热门精选"是一个完整栏目，因此需要与上下方内容保持足够的留白，请不要将其与上方内容离得太近。首先是上方的"热门精选"标题文字，将其字体设置为"苹方"或"思源黑体"，字号为22pt，颜色为黑色，透明度为80%。并在后方加上一条浅浅的分隔线（分隔线属性为1px高的Line，黑色，6%的透明度），后方的"more"的字体属性为"苹方"或"思源黑体"，字号为14pt，颜色为黑色，透明度为20%。其他模块设置如下图所示。

7. 菜单栏设计

在这个页面设计中，菜单栏的高度设定为80pt。菜单矩形背景使用的颜色为#FBFBFB，透明度为100%。随后，将五个准备好的图标均匀排布在菜单上，菜单文字属性为"苹方"，字体为黑色，透明度为80%。请注意左右两侧需要有一定的留白，与页面上方内容的留白区域保持一致。如下页两幅图所示。如果不确定留白的大小，可以调出Figma的标尺来辅助设计，快捷键为Shift+R。

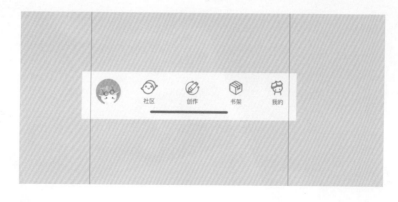

　　将所有的内容排列好，页面设计就完成了，接下来选中Frame，然后利用右侧属性检查器中的Export（导出）将其导出为图片（2X，即二倍图）。方便发给其他人观看和预览。最终效果见下页图。

9:41

原创　　同人　　明星　　彩虹

排行榜　　正在更新　　偶像RANK　　分类　　签到

热门精选🔥

more

匪你不可

秋故辞·著

盼望着东风来了，春天的脚步近了。
一切都像刚睡醒的样子，欣欣然...

HOT　　现言

15.8万字

高冷影后
在追星

高冷影后在追星

他眼里遗落的时
光

高处肾寒

社区　　创作　　书架　　我的

03

Figma 协作功能解析

在 UI 设计工作流中活用 Figma 与产品经理、需求方沟通

设计稿完成后，需要发给需求方确认并修改。在离线协作模式中，需求方通常需要写一篇文档列表，告诉设计师哪里需要修改或者调整。在Figma中，沟通变得非常轻松。只需要简单的几个步骤，即可让自己的工作效率飞速提升，修改点也变得形象起来，随看随改，需求方可以马上看到修改效果。是不是非常省时省力，平时烦琐的沟通也变得轻松起来。

1. 将设计稿分享给第三方

在Figma中完成设计稿后，只需要单击快捷工具栏右上方蓝色的"Share"按钮，即可打开分享界面。如下页第一幅图所示。

在分享面板中，可以直接邀请Figma项目中的其他成员加入，也可以直接设定权限（can view/can edit，只可以查看/可以编辑）后，单击面板左下方的"Copy link"，将网址复制，并通过即时通信工具、邮箱等发给需求方即可。

2. 需求方如何协同工作

没有登录过Figma的新用户打开你发送的链接，Figma界面只能完成有限的操作，此时Figma会弹出登录或者注册面板提示用户注册。请注意，不注册的话，Figma是无法实现协同工作的，毕竟匿名用户并没有安全性，也无法确定身份。

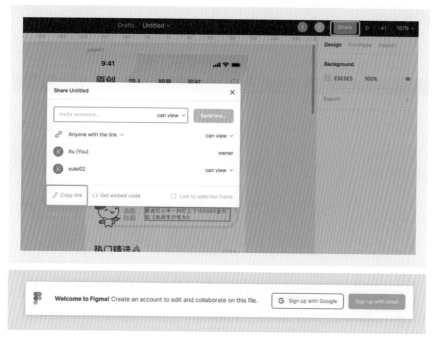

　　此时建议协作者注册一个账号，即可完成标注或者协同修改等功能。如下图所示，界面中会出现操作双方的鼠标，分别用不同颜色代表。转到标注面板后，可以对设计稿进行标注。此时对方看到后即可修改设计稿。

　　在下图中，如需求方添加了标注，编辑方快捷工具栏的标注图标会显示小红点，单击进入标注面板后，即可显示设计稿中的所有标注。单击以数字命名的标注，即可打开标注面

板，查看标注内容，我们可以在标注面板中留言，或者修改完成后，单击右上角的对钩，关闭标注。同时，右侧属性检查器中也会显示所有标注的内容。方便查看。

另外，我们可以在如下图箭头所指位置单击参与用户的列表，查看某个用户的编辑状态或者他的屏幕，就像在做现场直播一样，非常直观。此时工作区域周围以用户当前所代表的颜色框选。

如果你不希望某个人参与到项目中，可以单击"Share"按钮，编辑参与人的权限，如下图所示。

可以选择将某个人移除、设置为所有者、只可以查看、可以编辑等多种权限。

03-02

UI 设计师如何使用 Figma 与开发工程师无缝对接

本节和03-01节均是使用Figma来进行协作的技巧，只不过在03-01节中，主要使用注释功能与需求方沟通细节来修改设计稿。而本节中，要通过Figma与开发工程师对接，将设计稿发送给开发工程师，从而实现设计稿图片到UI程序界面的转换。

1. 设计稿前期整理

在交付给开发工程师前，要对设计稿进行整理，将设计稿中的混乱图层整理为可以输出的、方便开发工程师查看的文件。一般情况下，建议大家对设计稿通过模块来归类图层，不同模块放到不同的组中，并命名，如下图所示。请注意，由于Figma中的Frame可以嵌套，所以可以使用组或者Frame来进行归类。

另外，图标等元素，建议单独转换成Frame，方便开发工程师导出。如下图所示，icon部分设置为统一大小的独立Frame，方便开发工程师导出的时候导出统一尺寸的图标。

2. 将设计稿分享给开发工程师

Figma中内置了完善的标注系统，所以我们无须手动标注，直接将网址链接发给开发工程师，邀请其进入协作系统后，开发工程师便可单击元素查看标注。同样单击Figma右上角快捷工具栏上的"Share"按钮，分享即可。

　　如下图所示，开发工程师在接到链接加入协作后，便可在界面单击某个元素查看元素的字体、字号、颜色、透明度、大小、间距等各种各样的属性。选中某图层，右侧属性检查器即可显示当前元素的属性，以及开发工程师可能需要的代码，包含CSS、iOS、Android等多平台的代码样式。这为开发工程师的代码编写提供了极大的便利。

　　如要导出素材图形，只需切换到Export面板，单击右侧"+"号，即可将指定的图形导出（需要注意导出倍数关系，如下页第一幅图所示，我们使用的是一倍图来做的设计，因此导出的时候选择2X和3X）。请注意，上图的图标，需要包含Frame边缘的空白区域，因此，导出的时候，单击⋯按钮，然后取消勾选Contents Only即可，否则，Figma会将图形边缘的透明区域省略掉。另外，如要一次性导出多个元素，也没有问题，直接选择多个要导出的图形（图层），然后此时Figma会把所有图形打包导出。

　　通过这种协作方式，可以大幅节省设计师和开发工程师的时间，设计师无须手工切图和标注，开发工程师可以快速拿到符合自己需要的素材和代码，双方都更加方便。

3. 使用 Handoff 插件导出离线预览文件

Figma中也有相关的插件，可以将设计稿导出为本地的离线html文档，不需要访问Figma即可更加方便地访问，适合于不适合在线协作或者需要离线演示的场合中。国内作者开发的Juuust Handoff插件就是其中比较优秀的一个，其下载地址见02-06节。不过此插件在壁纸使用的时候对于超长UI页面的处理似乎有些问题，可以等待作者持续更新。如下图所示。

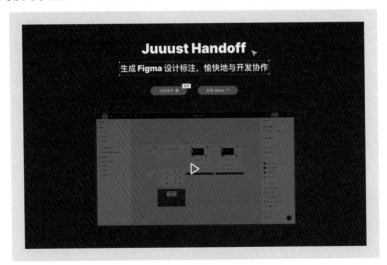

要使用此插件，请安装后在Figma菜单中执行Plugins→Juuust Handoff命令，此时需要在弹出的面板中选择需要导出的页面和素材，如下页图所示。随后系统会生成一个zip格式的压缩包，将其下载到电脑中，并解压，访问其中的index.html文件，即可查看标注稿。

静电说：设计稿的交付是设计到开发过程中非常重要的一环，Figma中便捷的云协作功能大大提升了设计和开发效率。不过，由于大家的工作环境不一样，所以要因地制宜，采取适合自己工作方式的交付形式，比如开发工程师喜欢本地标注，那么我们不妨使用插件来完成。一切以便捷协作为准则，同时兼顾每位团队人员的工作习惯即可。

03-03

使用 Figma Mirror 快速预览 UI 设计稿

大部分设计师在做UI设计稿的时候，都有一个习惯，那就是边在电脑屏幕上作图，边去放到手机上预览设计稿。毕竟电脑和手机上的观感是很不一样的，多在手机上观看，才能做出最符合用户体验的设计稿，更好地把握字体、图形的大小、对齐、颜色等关系。但是，如果每做一张图都要从Figma中导出，然后再用其他工具传到手机上未免太过麻烦，现在使用Figma Mirror可以更高效率地完成设计稿预览工作。

1. 使用客户端 Figma Mirror 预览

如果你是苹果用户，可以直接在App Store中搜索Figma Mirror客户端，下载并安装到手机上，如下图所示。（Figma Mirror iOS版本下载地址为https://apps.apple.com/cn/app/figma-mirror/id1152747299。Figma Mirror Android版本下载地址为https://play.google.com/store/apps/details?id=com.figma.mirror。）

下载完成后，直接打开，此时会显示登录界面。需要注意，Figma Mirror是与账号关联的，因此必须登录账号才能进行预览操作，如下图所示。使用时，请确保手机和电脑登录在同一个局域网中，并确保网络顺畅（必须保证能访问Figma网站）。

登录后，Figma Mirror提示让你选择电脑浏览器的Figma或者Figma电脑客户端上的一个Frame或者组件（Component）。在此，Figma提示此工具并不是直接通过局域网与手机客户端相连的，所以上述的条件必须都满足（能访问Figma网站且手机和电脑在一个局域网中）。如下图所示。

选中某个Frame或者组件（Component）后，就可以在App中看到当前的预览效果，由于是通过网络加载，所以设计稿如果过大，加载速度会稍慢。Figma Mirror中预览同样支持手指点击等交互操作，前提是要在Figma中做好交互稿。

如想退出设计稿预览，单指连续点击屏幕三次即可。

经过笔者测试，在Figma电脑端App中比在网页中直接使用Figma来连接手机预览效果要更好，因此在条件允许的情况下，推荐下载Figma电脑端App程序（Figma App 下载地址为 https://www.figma.com/downloads/）。

2. 使用手机浏览器预览

如果不想下载任何App，也可以直接访问https://www.figma.com/mobile-app 来进行使用。当然，推荐你使用手机浏览器打开，这样才有最佳预览效果。

其实不管是iOS版本还是Android版本的Figma Mirror，本质上都是一个移动端网页，只不过使用App方式浏览，程序会隐藏浏览器中的任务栏、地址栏等影响浏览的内容，效果更好。而浏览器直接访问则不行。如下页第一幅图所示为Figma Mirror的网页端版本。

静电说：在这里有个小技巧，在使用浏览器浏览的时候，选择使用手机上的Safari浏览器（iOS端）打开Figma Mirror，然后选择浏览器下方工具栏的菜单，并选择添加到主屏幕，接着在手机桌面打开生成的图标，此时演示内容会隐去浏览器标题栏和地址栏，相当于全屏观看，如下图所示。

挽回你的"第一稿"：Figma 设计稿版本管理功能

Figma提供了完善的版本管理功能，再也不用担心辛辛苦苦做完设计稿、改改改之后，客户一句"还是用第一稿吧"的尴尬事件发生。在Figma免费版中，我们可以保存30天以来的历史版本，随时还原到不同时间段的设计稿。

1. 浏览设计稿的历史版本

要浏览设计稿的历史版本，只需选择Figma的主菜单（三条线的图标），然后选择File→Show Vision History即可，如下图所示。

执行后，可以发现Figma的界面发生了变化，上部的工具栏消失了，右侧的属性检查器也发生了变化，如下图所示。

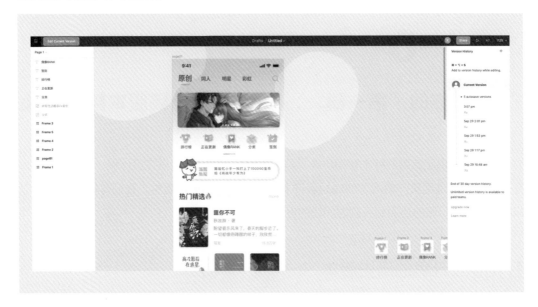

在右侧的属性检查器中，可以发现Figma自动保存的5个历史记录，并且还显示修改时间与编辑者。单击每个条目，即可切换到不同时间节点的设计稿。单击属性检查器右上角的"+"，也可以手工建立一个历史记录，方便设计师记录编辑状态。

请注意，在当前界面，设计稿是无法被编辑的，只能查看。如要编辑此节点的历史文件，可以单击上图左上角的Edit Current Version按钮，此时就可以直接编辑历史版本的文件。

此功能就像哆啦A梦的时光机，可以方便地回到之前日期的任何一个节点。虽然版本管理功能已经在开发工程师的工作中出现很长时间了，也并不是什么新鲜事物，但是Figma中引入的这个功能让UI设计师对版本管理功能有了一个更具象化的认识，能够更方便地挽回自己的"第一稿"。你也来试试看吧！

静电说：分享一个小技巧，在做设计的过程中，随时按快捷键苹果键（Ctrl）+Option（Alt）+S[①]，即可保存当前文档为历史版本。此时我们可以在弹出的对话框中填写名称与注释，如下图所示。

03-05

断网怕不怕？将 Figma 设计稿保存为本地文件

由于Figma是一款在线设计工具，这就激起了很多小伙伴内心隐隐约约的不安全感：万一断网，我做的设计是不是就付之一炬了？万一Figma没了，我云端的设计稿怎么办？万一…… 总之，在这个从本地化过渡到云端的过程中，大家有这样的担忧还是很正常的，毕竟断网还是时不时会发生的，无法访问也是可能出现的。这可能跟自己电脑的硬盘坏掉一样不可接受。

但是反过来想，在之前的十几年中，可能你还会经常碰到停电，现在已经很少遇到。现在网络已经像空气一样融入了我们的生活，你可能一刻都离不开手机，时刻保持在线状态。

① Mac系统的苹果键和Option键分别对应Windows系统的Ctrl键和Alt键。

因此我乐观地估计，未来一定会是一个云的时代，毕竟这样太方便了，不用来回扛着笨重的电脑，只要有网就可以随时工作。

1. 正在使用 Figma 做设计，突然断网会怎样

现在我们来做一个小实验，看看正在浏览器中打开并编辑的Figma文稿，突然遇到断网的情况，会发生什么。我手动将自己的电脑断网，如下图所示，此时已经无法上网了。

然后回到刚才打开的Figma文档中，尝试改动一些文字，这个时候，文档是可以正常编辑的。但是一旦按下保存快捷键，Figma会在屏幕下方提示一段文字，大意是："你现在不在线，Figma会在你重新连接到Internet后为你自动保存"，如下图所示。

此时，大家可能会手忙脚乱，设计稿现在没法保存了，怎么办？别担心！在这种状态下，设计稿是完全可以进行正常编辑操作的，它所有的内容都缓存到了本地。如果你不放心，可以直接单击Figma主菜单→File→Save as .fig…，即可将文件保存到本地，而且完全不需要联网即可完成，所以你的设计稿是百分之百安全的。

2. 定期将 Figma 设计稿保存到本地，以防万一

很多设计师视设计稿比自己的命还宝贵，我已经见过好几位小伙伴因设计稿丢失而哭天喊地的场面，简直太残酷了。虽然云应用丢失文件的概率比较小，但是还是以防万一吧！定期把自己的设计稿保存到本地电脑硬盘上，这个文件便可以在Figma中很方便地打开，以备不时之需，如下图所示。

静电说：设计师在平时的工作中要使用多种方法定期备份自己的工作文件，比如定期将设计稿上传到网盘中，或者在本地使用Time Machine（苹果系统下的时光机）进行多重备份，以达到万无一失的效果。

04

Figma UI
设计细节进阶

Figma 图标设计实战：线性图标与 Big Sur 轻拟物图标绘制

　　图标是在UI设计过程中使用最广，也是最重要的UI元素之一，相对于单纯的文字，使用图标可以让用户快速辨别功能，因此，学习UI，必须学习图标的绘制技法，这也是设计师的基本功之一。

1. 不同种类的图标形式

高保真拟物化图标

　　在iOS 7之前的系统中，拟物化图标是非常流行的设计风格。设计师以设计尽量贴近真实物体的高保真拟物图标为荣。如下图所示，都是非常典型的高保真拟物图标设计。

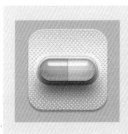

高保真拟物图标主要从光线、材质、形状、角度表现出拟真效果。在做这一类图标的时候，首先来分析光线，例如上页图中，胶囊图标的光线是从正上方90°进行照射的，体现到胶囊本身上有对称的高光面及下方的阴影面。而唱片的光源则在左上方斜45°的角度，右侧相机图标光源同样在正上方。

接下来要分析材质。有了光线，产生了高光与阴影，便有了最基本的物体厚度，但是这还不够，将材质赋予在图形上，让整个形状更加真实，如胶囊锡纸上的凹凸孔、唱片上的纹理、相机的棕色皮革纹理，等等。

接下来说说角度，一般情况下，此类高保真拟物图标均为正上方俯视角度观看。有了这些元素，结合不同的光影效果，一个高保真拟物图标就活生生地展现在用户面前了。拟物图标虽然现在并不太流行，但这是初学者掌握光影构图最好的练习方式之一。大家千万不要忽视，包括后边要讲到的Big Sur轻拟物图标，也会用到此类思路。

扁平化图标

高保真拟物化图标变得不那么流行是在iOS 7发布后，iOS 7大胆采用了扁平风格图标，与此同时，微软等公司也在主推Metro Design等扁平化设计风格。从iOS 7发布一直到现在，扁平化图标一直占据着UI设计的主流。扁平化趋势相对拟物化图标更为简约，设计成本相对拟物化图标更低，我们可以通过Instagram应用的图标变化来一探究竟。在2010年，Instagram的图标还并不那么有质感，但是在2010—2016年，其图标不断演化，最终越来越立体，越来越"厚"，越来越逼真。但在2016年，Instagram突然放弃使用多年的高保真拟物图标，一举"拍"扁原图标，成为现在的扁平图标风格。在Instagram"拍"扁图标后，在设计圈掀起了一阵讨论的热潮，毕竟步子迈得有点大，一时间用户接受不了。其实由拟物图标进化为扁平化图标的过程中，用户刚开始也给予了各种负面评价："不好看""不习惯"，等等。可是随着时间的推移，大家反而慢慢习惯了这种变化，扁平化设计成为简约、科技感的代表。

如下页图所示的扁平化图标被用在App的金刚区、启动图标等多种场景中，由于设计简单、省时省力且符合当今流行的简约、现代感的审美，所以至今仍被大量使用。我们在随后会使用Figma为大家介绍如何来绘制这些图标。

线性图标

线性图标也是扁平化图标的一种，扁平化图标分为面性和线性，如下页第一幅图所示为面性图标，其主体为颜色实心填充的风格。而下页第二幅图为线性图标，线性图标多用在App的工具栏、菜单栏、功能按钮等区域，由线性图标相较面性图标没有那么强的视觉冲击力，所以在界面的功能区使用非常合适。线性图标多使用描边图形来制作，结合布尔运算与路径工具完成。随后我们也会为大家讲解其在Figma中的制作方法。

轻拟物图标

在2020年iOS 14发布之时，苹果引入了一种新的图标形式，这种形式介于拟物化图标与扁平化图标之间，保留了光影效果，去除了材质。而在此之前，设计网站上也不乏此类图标的尝试。人们的审美总是不断变化的，而本性也总是"喜新厌旧"的。所以，每隔一段时间，设计风格就会发生进化，当然也有可能会"复古"（之前的某种设计风格突然流行起来）。而轻拟物风格则是不安于现状的设计师的又一次大胆尝试，未来一定是科技感十足，简约也是必要的，过于繁复的材质自然不利于未来感的发挥。索性，设计师将大部分的材质省略掉，结合光影效果的表现，就形成了现在开始流行的轻拟物风格。如下页第三幅图所示就是典型的轻拟物风格图标。

　　在轻拟物风格图标设计过程中，要时刻注意光影打在物体上的感觉，准确把握材质（虽说轻拟物风格并没有被赋予特别的材质，但是光影在白色、光滑的材质表面也会形成特有的感觉，有点类似光滑的塑料或者陶瓷的表面）。另外，我们可以借助内阴影来打造材质的厚度，并利用背景模糊效果来表达通透感。如右下图所示。

除了阴影的表现，高光部分则不要表现得特别强烈，可以使用磨砂材质来表现亮面。渐变和杂点也可以适当地运用，以体现更加立体的效果。总而言之，轻拟物图标要给人一种浮在表面的感觉，所以阴影范围可以适当渲染得大一些。

扫码看本节视频

2. 运用 Figma 绘制线性图标实例

接下来我们使用Figma来绘制一组太空主题的线性图标，如下图所示。练习主要是为了熟悉Figma中的路径操作及细节。

我们仔细观察可以发现，上图中的这三个图形均由基础的原型、矩形等变体而来，所以我们的核心思路就是找到组成这些图标的基础图形，并在此基础上使用Figma进行变形操作，最终组合为这些线性图标。

制作图标最重要的，也是首要的步骤，不是绘制图标的细节，而是先在绘图工具中制作承载图标的方格或者容器，就像我们小时候练习写汉字一样，在田字格中更容易让汉字看起来大小统一，显得规整。图标也是这个原理，在Figma中新建文件，然后使用矩形工具（快捷键R）绘制三个同等大小的正方形，并将它们排好。如下图所示。我们需要将图标放到这些正方形中，这是做图标，特别是一套图标时一个很好的习惯。很多小伙伴图标绘制得不规整，有大有小，就是忽视了这个简单而有效的步骤，没有任何参考物，当然不容易把握比例。（绘制矩形的大小可以按自己的喜好来，在这里我建立的正方形为300px×300px，绘制完成后可以把这些正方形锁定，方便后续绘制）

首先来绘制一个彗星图标，我们发现它的基础图形是两个圆形，首先将它们绘制好。

（按快捷键O绘制圆形，去掉填充色，并将描边设置为10px，Center，颜色为黑色）

接下来，双击外围的圆，进入路径编辑模式，然后选择快捷工具栏中的钢笔工具，将钢笔移动到路径上，此时会发现钢笔旁边有一个小的"+"符号，表明我们可以在此添加一个节点，单击鼠标即可添加节点。按照下图所示依次添加节点，为了使节点对称，我们可以按快捷键Shift+R调出标尺工具，然后添加辅助线来完成。在添加节点过程中，单击节点后要按Esc键，否则这些节点直接的线会连起来，就不符合我们的要求了。

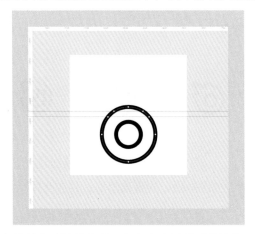

随后，移动圆正上方的节点（按住Shift+向上方向键移动即可），然后移动以最上方节点为基点往左往右数的第二个节点。移动到如下图所示位置，此时彗星图标已经大体成型了。

单击工具栏上的"Done"按钮，退出路径编辑模式，然后选中所有路径，将彗星图标向右旋转约45°角，将彗星图标整体移动到白色正方形中间位置，此时不要忘了

将彗星的线条转换成图形，选中彗星的线条，单击Figma菜单中的Object→Outline Stroke，我们会发现此时彗星的线条由路径转换成了形状，彗星图标绘制完成。如下图所示。

　　为何要将路径转换成图形呢？因为路径在缩放过程中，并不会随着图形等比例进行变化，此时你绘制的图形将会比例失调，如下图所示，中间为原图，左侧为转化成图形后的线性图标，缩放后比例依然保持均等，而右侧的则为没有转换的图形，缩放后图形已经错位。

　　接下来绘制宇宙飞船图标。仔细观察，会发现此图形两侧是对称的，因此只要先绘制好一边，另一边直接复制后翻转即可。

　　首先来绘制宇宙飞船主体部分，绘制一个矩形，去掉填充色，将描边设置为10px，Center，颜色为黑色，矩形大小为70px×120px，并按下页第一幅图所示调整节点属性。

随后，双击进入路径编辑模式，同样将最上边一个节点往上移动，与作彗星图标的方式类似。将此节点的属性在右侧属性检查器中调整为Mirror Angle and Length，然后使用快捷工具栏中的Bend Tool来进行调整，使其头部变得平滑。如下图所示。

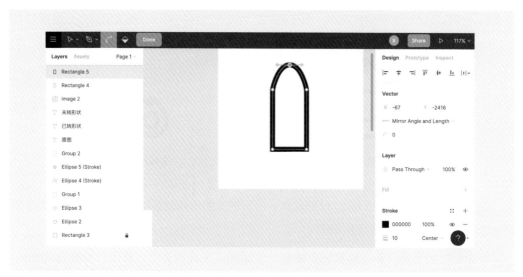

随后将宇宙飞船的尾部添加两个节点，并调整其位置，使其变得棱角分明。制作完成后，将主体复制一个并缩小，分别摆到宇宙飞船主体左右两侧的相应位置，如下页第一幅图所示。

接下来绘制宇宙飞船的机翼，绘制方式如下图所示，只需绘制一个矩形，然后调整其中一个节点的位置即可。

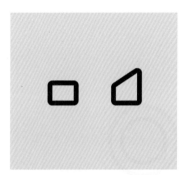

此时，机翼与左侧部分会发生重叠，执行Figma上部工具栏中间区域的布尔运算工具，选择Subtract Selection，上部的机翼会被减去，只留下如下图第二幅所示的图形。然后，我们再复制一个机翼，放到合适的位置上，这样就完成了必要的操作。

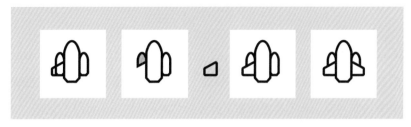

复制一个左侧机翼，水平翻转，移动到右侧机翼即可。

最后，使用钢笔工具，绘制机身上的两条线，并将所有图形转成形状（单击Figma菜单中的Object→Outline Stroke），宇宙飞船就绘制完成了。如下页第一幅图所示。

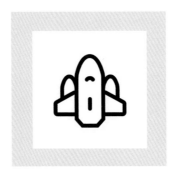

接下来绘制星星月亮图标，在这个图标的绘制练习中，我们主要来熟悉如何将完整的路径断开，以及如何使用布尔运算工具。仔细观察这个图标，我们发现月亮的外圈和月亮本体的外围是个同心圆，所以在这里我们先来绘制这两个同心圆。

请注意，在图形的描边选项（Stroke）中，务必选择Center（居中描边）或者Outside（外描边），不要选择Inside（内描边）。否则断开路径后图形会发生变形。

接下来首先绘制月亮，我们要使用布尔运算的"减去（Subtract）"功能。再次绘制一个圆形，放到内部圆上方的合适位置，如下页第一幅图所示。这个新绘制的圆可以比之前的圆稍微小一点，为了方便布尔运算，我们需要把两个圆形都做颜色填充（Fill），否则布尔运算会让路径打开，这并不是我们想要的效果。接下来选中这两个圆，执行Figma上方工具栏布尔运算中的Subtract Selection，随后，选中月亮，在右侧的属性检查器中调整圆角数值为4，然后将填充属性删去，即可完成月亮的绘制。

　　随后我们需要将月亮外围圆的路径打开，双击外围的圆，进入路径编辑模式，使用鼠标选中两个节点之间的线段，即可删除这一段的路径。如果你觉得这个圆的默认路径不合适，也可以先在圆上添加节点，然后再进行节点之间的线段删除，如右图所示。完成后，需要在描边（Fill）属性中，将此路径的节点的端点改为圆头，如下图所示。

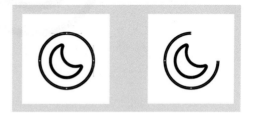

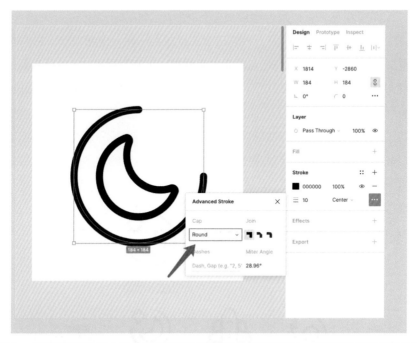

　　接下来，使用图形工具中的星形工具绘制星星，按下页第一幅图所示对星星进行设置，并摆放到合适位置。

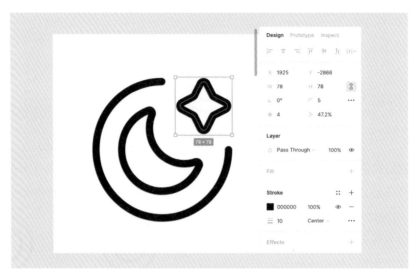

最后，将所有图形转成形状（单击Figma菜单中的Object→Outline Stroke），这一步千万不能漏做，对于线性图标格外如此。这样星星月亮图标就绘制完成了。

但是，工作还没有结束。我们需要对图标大小、风格进行统一，这就是刚开始为什么会让大家绘制三个正方形的原因。将这三个图标放到一起，仔细观察，它们的大小是否均衡，如果某个图标显得过大，我们可以手动来调整。比如下图第一行的月亮图标，我们通过肉眼观察，发现它过大（相比较前两个图标），因此需要对其进行适当缩小处理。这里是较难把握的地方，因为需要我们进行肉眼观察，非常考验我们的设计经验，大家要通过多练习积累经验。为什么此处不能单纯以数值来决定图标是否统一呢？因为有些图标比较窄，有些比较宽，有些有视觉膨胀感，有些有收缩感，所以眼睛看到的才是最准确的。

收尾工作，我们要将图标外围的矩形转化为圆角矩形，首先选中矩形，将圆角值设置为110。然后分别为三个圆角矩形上色，色值分别为#F6FBF7、#F4FCFE、#FFFBF2。最后，一次选中每个图标及外框，单击鼠标右键选择Frame Selection（将所选内容转换成Frame），这样三个线性图标设计就大功告成了，如下图所示。

3. 运用 Figma 绘制面性图标

面性图标也是扁平化图标的一个分类，与线性图标不同的是面性图标的主题为填充好的实心或者渐变颜色，同时舍弃线条构型。在面性图标设计过程中，我们可以活用各种不同的图层叠加模式实现与众不同的图标效果。接下来我们来设计如下图所示的面性图标。

首先来绘制麦克风和对话气泡图标，观察一下它的构成，圆角矩形、半圆线条、矩形及三角形。我们首先来完成这些基础形状。在此之前同样要绘制三个矩形格子。

首先绘制一个矩形，设置填充颜色为#30EA7B，并将圆角值调整为80。宽度和高度分别设置为70px和98px。然后绘制麦克风支架，先绘制一个圆形，确保圆形的弧度和麦克风主体的弧度一致。在此我们设置这个圆宽高为106px，使用Strok（描边）属性，颜色同样设置为#30EA7B，描边宽度设置为12px，Center。接下来，要删去一半的圆，双击圆，进入路径编辑模式，选中圆最上方的节点，然后按Del键删掉即可，然后将Stroke（描边）

中两端的形状改为Round（圆），如下图所示。最后使用矩形工具绘制麦克风支架的最底部以及麦克风上边的圆点。

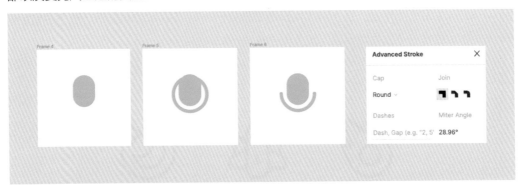

接下来绘制对话框部分，首先绘制一个圆角矩形，设置属性为宽高84px×66px，填充颜色为#FFC83A，圆角值为10。随后绘制对话框的尖角部分，我们可以使用多种方式来绘制这个三角，比如直接使用Figma的三角工具，或者绘制一个矩形，然后删去其中一个角，方式如下图所示，其中都用到了路径编辑模式。需要注意的是，我们在删除某个节点的时候，不能直接选中删除，那样会直接打开路径。如果需要闭合路径的同时删除路径，需要在路径编辑状态下使用钢笔工具，然后按住Alt键，此时钢笔上的"+"会变成"-"，此时单击删除可保持路径闭合。

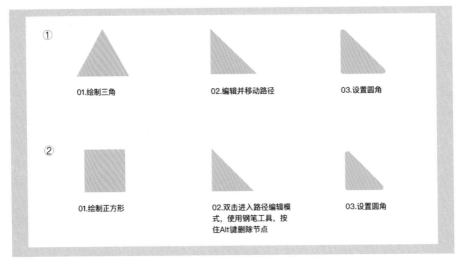

将绘制的三角翻转、水平镜像后，放到圆角矩形对话框的合适位置，然后选中三角形和圆角矩形，使用布尔运算工具中的Union Selection即可将其组合在一起。随后，将对话框

放置在合适的位置，然后选中黄色的对话框，使用图层属性中的Darken，此时话筒的叠加效果就完成了。如下面两幅图所示。

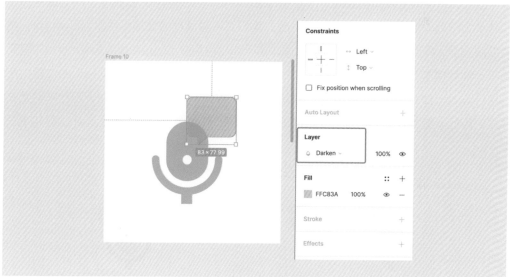

最后，与绘制线性图标一样，我们需要把话筒支架部分从路径转换为图形，单击Figma菜单中的Object→Outline Stroke。另外，选中话筒主体与圆，使用布尔运算工具将话筒中央的孔设计为独立图形。最后，一点点收尾工作，把话筒的所有元素组合，这样话筒图标就完成了。

需要注意，如果你的图标背景不是白色，那么叠加后可能会产生不同的效果，如下页第一幅图所示。

图标变色并不是我们想要的，下面将介绍一种更为稳妥的设计方式，就是把叠加部分也转换为图形，用颜色代替叠加和透明度。我们先将对话框的叠加属性改为Normal，然后复制一个话筒形状，选中对话框和话筒，执行布尔运算中的Intersect Selection（取交集），然后将选取的交集颜色调整为#9BD100，并覆盖到话筒与对话框相交的位置。使用这种方式，我们可以保证图标在任何背景下都能保持一样的颜色，这对于设计来说至关重要。因此，叠加效果使用是有局限性的，我们必须时刻保持警惕。图标设计过程如下图所示。

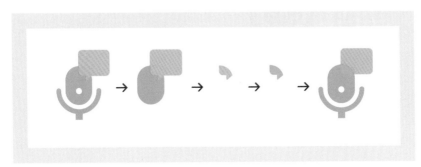

接下来绘制摄像机图标，总体来说，这个图标也是由基础的圆形、三角形和矩形构成，但是在这里特别注意的点就是两个三角形的延长线要保持平行，如下页第一幅图所示。因此，我们可以先确定主体中三角形的位置，再来绘制凸起的摄像头部分。

设置矩形尺寸为118px×90px，颜色为#FF33C6。绘制三角形，设置三角形尺寸为42px×36px，颜色为白色，圆角为4，并将其摆在矩形内部居中的位置。然后，绘制两条与三角形上下两边平行的辅助线，并延伸到矩形右侧，如下图所示。接下来，绘制另一个三角形，设置颜色为#FF33C6，圆角为8，由于此时无法确定尺寸可以让三角形紧贴两条辅助线，所以我们可以尝试先随意绘制一个正三角形，或者把刚才已经绘制的三角形复制翻转来用。

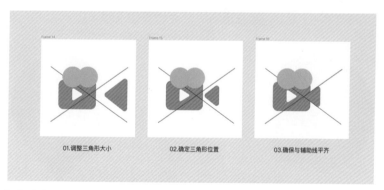

位置和大小确定后，将刚才的紫色三角形与机身矩形做布尔运算组合，之后，再选中内部三角和布尔运算组合的图形，做布尔运算减去。紧接着，绘制两个圆形，并设置半径尺寸为32px，颜色为#30EA7B，放置在摄像机上方位置，并彼此交叠。

此时我们可能会想到使用刚才的变暗叠加属性来让上边的绿色圆和摄影机主体呈现叠加效果，但是，你可能要失望了，我们无论设置任何叠加属性，都无法达到理想的效果。这个时候要用之前介绍的方法了，就是将交叠部位再做布尔运算，并填充颜色为#DA029D，然后叠加到相应部位，如下图所示。

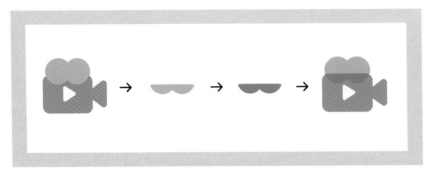

最后来绘制图的最后一个图标，在此图标中，我们着重掌握如何使用基础图形进行变体操作，衍生出其他不规则图标。

同样在300px×300px的Frame画板中进行绘制，首先绘制圆形，设定圆形直径尺寸为110px，并设定颜色为#30EA7B。接下来，双击图形进入路径编辑模式，选中圆形最下方的一个节点如左下图所示。然后选择左上角快捷工具栏中的Bend tool（弯曲工具），并单击这个节点，此时这个节点的贝塞尔曲线会消失，变成锐利的尖角形状。然后按方向键移动此节点垂直往下，便会形成如右下图所示的样子。

复制两个图形备用，接下来绘制一个同心圆，放在其中一个绿色圆的圆心处，并使用布尔运算的Subtract（减去）工具将其交叠处挖空。将复制的两个图形缩小并放在左右两侧，分别填充颜色为#FFC83A和#FF33C6。如下页第一幅图所示。

最后同样使用以上两个面性图标的处理方式，将这三个图形的交叠处单独做出来，并设定颜色为#2bb966。

这里需要注意，布尔运算要两个两个做，不要一次选中这三个图形，否则布尔运算是没有效果的。如下图所示，分别复制两个副本，然后再进行组合。

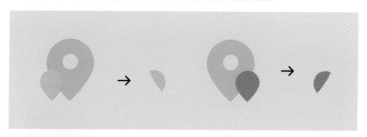

静电说：将所有图标绘制完后，放在一起，对比它们的大小和统一程度，如果不够协调，请按照上文所描述的步骤进行视觉统一。

4. Figma 绘制 Big Sur 风格轻拟物图标实例

随着iOS 14更新及iPhone 12系列的发布，命名为Big Sur的Mac系统中引入了全新的轻拟物风格，我们把这种轻拟物风格称为Big Sur风格。接下来绘制如下页第一幅图所示的两个轻拟物风格图标。

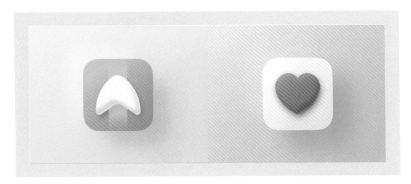

第一步，我们先来绘制背景，只有一个漂亮的、能形成空间感的背景可以更突显图标的存在。在Figma中绘制一个Frame，尺寸为1000px×600px，然后设置Fill（填充属性），我们在这里Radial（放射状填充），并拖动渐变轴从左上角开始到右下角，形成一个有角度的渐变。渐变两端的颜色分别为#E1FAFF和#81E8FF，如下图所示。

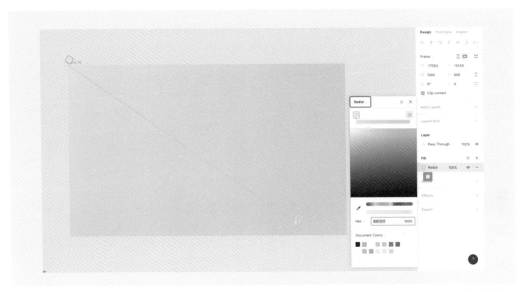

第二步，绘制圆角矩形，设置圆角矩形的圆角值为60，填充类型为Radial，与背景一样，浅色在左上角，深色在右下角，渐变色分别为#88CDFF和#0094E8。

接着单击右侧属性检查器中Effects右侧的加号，选择Inner Shadow。属性设置如下页第一幅图所示。此时你会发现圆角矩形有鼓起来的效果了。

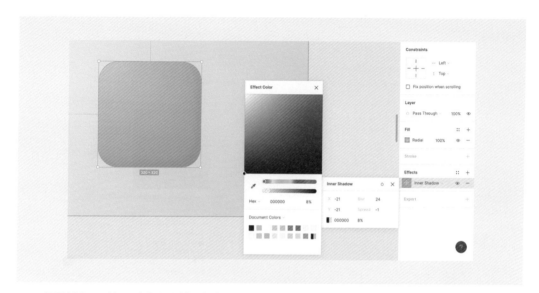

但是这还不够，我们还希望它有浮起来的感觉，因此再添加一个投影效果，同样单击Effects右侧的加号，选择Drop Shadow（投影），投影数值设置如下图所示。

接下来绘制中央垂直的线条。先绘制一个矩形，然后在右侧属性检查器中的Fill属性中设置渐变属性为Linear（径向渐变），并按下页第一幅图所示设置参数，请注意，最后我们要在Layer中调整叠加模式为Overlay，透明度为30%。只有设置为叠加效果，才能呈现透底的蓝色效果。

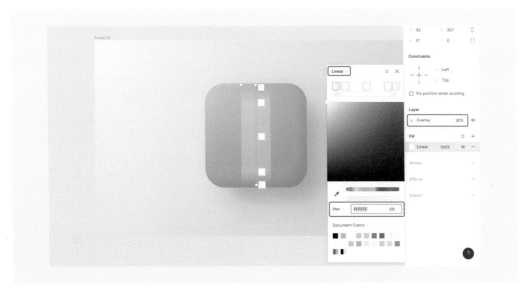

接下来绘制图标的主体——圆滚滚的箭头。仔细观察，这个箭头其实就是一个正三角形做的变体效果，我们直接绘制三角形，并加入圆角，圆角值为30，由于有光源效果，所以三角形不可能是纯白色的，我们在Fill属性中使用Linear（径向渐变），并按下图所示设置参数。两侧的渐变色值分别为#FFFFFF与#F5F5F5，透明度为100%。

随后双击图形进入路径编辑模式，并在三角形
最下方的中点处添加一个节点，然后按方向键或者
利用鼠标向上移动。启动后，我们发现下方两个圆
角数值太大了，因此选中后，调整其为18。调整后
如右图所示。

此外，还需要调整上方的节点，由于这个箭头
有鼓鼓的感觉，所以要进行路径编辑。选中上方的节点，在右侧属性检查器的Vector面板
中，将贝塞尔曲线的模式调整为Mirror Angle and Length（镜像角度和长度）。然后单击
Figma主界面左上角的Bend tool图标，再次单击一下这个节点，我们会发现这个节点两侧
会出现贝塞尔曲线调节杆，将两侧的调节杆往中间收一下试试看。效果如下图所示。

但是，这还不够，下方两个节点的贝塞尔曲线还需要进一步调整，在这里稍微有一些难
度，首先要调出贝塞尔曲线调节杆，选中Bend tool，然后单击响应的单点即可，然后我
们可以返回Move工具（快捷键V），移动节点或者贝塞尔曲线。最终的曲线效果如下图
所示。

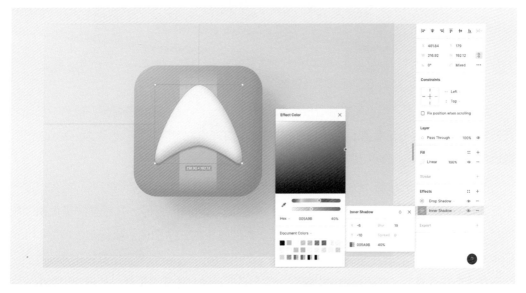

至此，基础的箭头图形就完成了，接下来我们为其添加质感效果。添加一个应用效果，
选中图形后在右侧属性检查器中的Effects面板单击Drop Shadow，数值为：X6、Y2、
blur14、 引用颜色为#005A9B，透明度为40%。

然后添加内阴影，效果如左图所示。当然，仅仅有这些还是不够的，我们仔细观察，发现这个箭头在尾部同样有高光感，此时不能用Figma默认的效果了，因为这个高光是不规则的。此时使用钢笔工具，将高光部分勾出来，然后选中这两部分的高光和阴影，在右侧属性检查器中添加Layer Blur效果，设置Blur值为16。如下图所示。在这个过程中，我们要不断调整Blur数值和图层透明度选项，直到图形达到预期的效果为止。

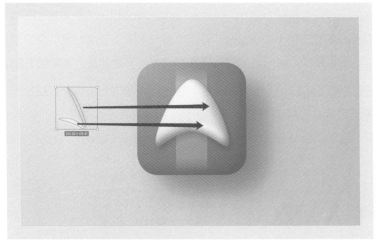

这样，一个轻拟物风格图标就绘制完成了。

最后一个图标是轻拟物风格的心形。我们先借用上一个箭头图标的背景，改一下颜色。首先将Frame的背景渐变色改为#FFF1F8和#FFCDD9，图标投影颜色改为#BA004E，数值为：X71、Y48、Blur200、Spread2。

图标内部阴影的数值如下页第一幅图所示。背景完成后，开始绘制心形。首先绘制一个正方形，边长为200px，然后绘制两个直径为200px的正圆形，并将其按下页第二幅图所示放置，让圆的直径与正方形的边紧贴。然后选中这三个图形，执行布尔运算Union Selection（组合），随后单击布尔运算菜单下的Flatten Selection，将其转化为独立的一个形状（布尔运算后，在图层中可以看到，这个心形是独立的三个形状，如果我们想编辑这个心形的路径，就需要执行Flatten Selection命令将其转化），如第二幅图所示。

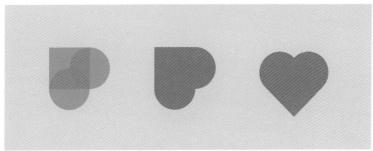

　　如下图所示，我们需要对节点进行调整，首先删去心形左右两侧中部的节点（务必要记住使用钢笔工具+Alt键删除），然后通过Bend tool工具和Move（移动）工具来调整贝塞尔曲线，使心形更加饱满、圆滑。

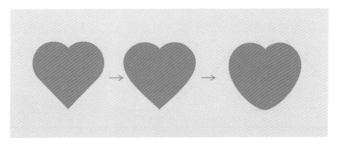

　　将心形缩小，放在刚才做好的背景上，并调整填充（Fill）渐变的属性，渐变依然是左上方到右下方，颜色分别为#FF7EC4和#FF5880。

　　然后我们为心形添加投影。单击右侧属性检查器中的Effects，添加Drop Shadow属性。数值分别为X0、Y22、Blur41，透明度为30%，投影颜色为#850060。接着添加内阴影，数值为X（-7）、Y（-16）、Blur27，透明度为50%，投影颜色为#B40041。别忘了心形左上方还有高光效果，继续添加内阴影效果（Inner Shadow）。数值分别为X7、Y7、Blur8，透明度为25%，投影颜色为#FFFFFF。

　　添加完成，稍作调整，一个轻拟物风格的心形图标就这样完成了，最终效果如下图所示，是不是很简单？在这个过程中，我们要着重塑造材质的厚度，刻画高光和阴影，同时注意打光角度（比如这两个图标的打光角度均在左上方的位置，那么渐变也要有倾斜。对于不规则的高光和阴影，我们要使用钢笔工具进行构型处理，同时加入透明度和图层模糊效果，让高光和阴影更自然）。

🧑 静电说：Figma具有完善的路径工具和各种图层效果，绘制轻拟物图标并不是太难。请大家多多练习，多做临摹，找到其中的规律，也可以多感受一下这类图标的设计感觉。

版式设计练习：UI 设计的核心能力

　　不管是UI设计，还是平面设计，版式设计都是设计师必须掌握的基本功。要想设计出优秀的UI界面作品，各位设计师必须从版式设计开始练起。追根溯源，设计需要向人们传达出你（或者客户）希望传达出的信息，也就是说，你必须分清楚，哪些是次要的内容，可以弱化的。哪些是主要内容，必须强化的。平面设计如此，UI设计也是如此，特别是在手机屏幕这个方寸空间里展示给用户的界面。在越来越浮躁的社会环境和用户情绪中，如何能在最短时间把最重要的内容传达给用户，这就是设计师必须要深刻把握的设计要点。版式设计可以分为布局、文字、颜色搭配这几部分内容。在了解完Figma的使用方法后，我们有必要为大家强化一下这方面的设计思维。

1. 布局

　　在设计过程中，我们讲究一种平衡感。平衡有很多种类，对称平衡、非对称平衡、整体平衡。我们以UI设计中经常使用的Banner图来举例说明。

对称平衡布局

　　如下页第一幅图所示是QQ音乐的Banner广告设计，是一种非常典型的对称构图设计。仔细观察，标题文字均在界面中部，附属的人物素材照片或者文字在左右两侧均匀分布。对称设计是一种很常用的构图布局方式，而且容易学习和创建，常用来体现比较庄严、正统、安静的主题风格。

非对称平衡布局

非对称布局的使用则更为灵活和多样，可以创建出比较复杂的沟通效果。UI设计中常见的非对称布局中属左右布局最多，如下图所示。一般情况下，我们把文字放在构图的左侧（也有右侧的），体现主题的人物或者视觉素材放在另一侧，文字所占的宽度一般情况下要多于其他素材。这就是使用非常多的"左字右图"或者"右字左图"的排版方式。在列表中，这种布局方式也用得非常多。如下页第一幅图所示的列表，即采用了"右字左图"或"左字右图"的排版方式进行布局。使用哪种方式，取决于你希望让用户看到哪些重要内容，一般情况下，用户的浏览习惯是从左到右。对于图标类具有明显识别度的图片，我们可以考虑放在左侧，起到分类指引的作用。而下页第一幅图第一行列表，右侧的图片仅仅是配图而已，左侧的文字才是重点，因为右侧的图没有太明显的指向性。

此外，非对称构图还有对角线构图等多种形式。如下图所示，专题头部视觉图片采用了倾斜式的构图方式，打造了非常强烈的视觉冲击力。非对称构图虽然是"非对称"式的，但是它也在这种设计中营造出秩序感和平衡感，这是一种可变的、动态的布局方式，让画面富有活力，更加有趣。

整体平衡布局

整体平衡布局通常会把内容排满全部设计空间。如下页图所示的海报设计，就使用了整体平衡布局。整体平衡布局视觉冲击力更强，风格大方吸引眼球，看起来更加舒展。这种布局通常会在艺术作品、海报中出现，也是排版布局中比较难以掌握的布局形式，因为一旦设计不好，非常容易让界面显得杂乱无章，没有视觉重点，这种布局在UI界面中不常见到。但是，这种布局思路也会用到UI设计中，比如我们在做完界面后，通常要整体观察，这个页面是否头重脚轻或者头轻脚重？是否不平衡感过强？这些都是UI界面设计过程中需要改善的。

静电说：多观察优秀的作品，初期大量临摹，多练习，多总结问题，并改善，是入门 UI设计的最好方式，也是突破审美瓶颈的不二法门。

2. 文字

文字是UI设计师最常用的元素。在版式设计中文字需要注意几个要素：字体选择、字号 大小、颜色、对齐、对比、成块性。

字体选择

在UI设计中，虽然字体一般使用系统默认的"苹方"或者"思源黑体"。但是在一些 特别场合中，比如Banner设计、启动界面、专题设计中，字体使用需要根据设计主题来选 择合适的展现形式。如下页第一幅图所示为体现童真童趣类的视觉设计，我们可以多使用 一些活泼的、不太规则的艺术字体；如要表达历史厚重感，表达热血情怀，我们可以选择草 书、行书、手写字体等；如要体现小清新，文艺气息，则可以使用宋体、楷体等带有衬线的 字体；如要体现现代感，则无衬线的粗体是更好的选择。如下页第二幅图所示，在不同的 Banner图设计中，我们根据图片体现的主题使用了不同的字体。

字号大小、颜色及对比

设计需要和谐，更需要冲突感和对比。如果缺少对比，我们的设计稿就会变得毫无生气、平淡乏味并且不能更好地为用户传递信息。好的对比可以引导用户更好地阅读内容，并形成视觉焦点。

在塑造对比前，我们需要有一个起码的认知，那就是重要的信息要更大、更粗、更明显，颜色更深，而次要的信息则要做得比较小，颜色较浅、更细。所以，在做任何设计前，都要读懂页面中的信息，并确定重要程度。如下页第一幅图所示，每个列表单元中，书标题明显比书的简介更大，颜色更明显。书标题文字字号约为16pt，颜色为#000000，透明度为100%，书简介文字字号约为12pt，颜色为#000000，透明度为30%，它们之间的对比就很明显了。所以，我们在做对比的时候，一定要大胆一点，把字体的字号、颜色区分开，这样对比会更加明显。如果你拿14pt和15pt的文字做主标题和副标题，做对比，那没有任何效果，所以该大胆的时候一定要大胆一点。常用的字号对比如12pt与16pt、14pt与22pt、16pt与28pt，等等。颜色也一样，主标题用黑色100%透明度，那么副标题可以用黑色40%透明度，这样就形成鲜明的对比。这样做，可以让用户很明显地分清楚，哪些内容是一体的、一区块的，哪些内容是另一个区块的。

下图为大家列出一些常用的字号供参考（一倍图设计模式下，单位为pt）。

3. 对齐

整齐划一是设计最基本的要求之一，页面内的元素不能随意放置，否则会让页面显得凌乱，而且混乱的内容会让用户觉得困扰，无法快速获得最重要的内容。所以我们有必要让有关联的内容形成某种对齐关系。如上面第一幅图的书籍列表中的每个单元，其实都遵循某种对齐关系，我们发现，单元中的对齐，都遵循书的上边缘和下边缘，或者书的上下边缘的中心对齐，同时由于书在左侧，所以文字都居左对齐。当然，对齐还不仅于此，列表单元之间也要对齐，它们也遵循一定的对齐原则，确保左侧或者右侧在同一个垂直线条上。下图列出了正确和错误对齐的例子。

4. 颜色搭配

除了上边介绍的文字颜色搭配和对比外，在UI设计过程中也要注意其他元素的色彩搭配。在一个应用中，一般存在主色、辅色、点睛色等多种颜色形式。

主色：一款应用的主色调，比如我们通过观察可以知道，网易云音乐应用的主色是红色，知乎应用的主色为蓝色，这种印象已经深入人心。现在的UI设计中，主色一般在启动页出现比较多，内页中，主色多用点睛色（强调色）。内页中一般不会大面积铺主色。如下图所示。

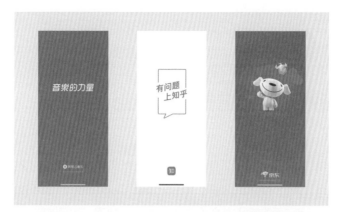

点睛色：一款应用中的主色一般用于点睛色（强调色），比如菜单中选中图标的颜色等。

互补色：在色环中，互补色是相对的两个颜色，比如蓝色和黄色、红色和绿色，等等。

通过相互补充，从而达到视觉平衡的效果。

灰度及透明度：灰度一般在页面正文或者标题中使用。如果我们把标题颜色设置为纯黑色，那么副标题需用多种透明度的黑色来表达，从而突显层次感。如下图所示。

静电说：电影海报和视觉设计中，版式设计具有更强的代表性，我们可以在平时多去观察这些平面设计的技法。在UI界面中，界面要遵循的多为字体、颜色和最基本的布局形式，侧重点不同。对于UI初学者来说，在学完本章后，再去做一些常规页面的临摹，会有更新的收获。

04-03

UI 界面中的金刚区图标：Tab 栏图标

图标一直以来都占据着UI设计工作的重要位置，好的图标比单纯的文字更能吸引用户眼球，减少用户识别的时间。可以这么说，常用的图标可以让用户产生条件反射，看到后就立即知道这个功能的作用，而文字则需要通过大脑阅读并处理，时间会变长。另外，图标比文字更有吸引力，更能吸引用户点击。在UI界面中，用到图标最多的地方分别为：金刚区、菜单栏以及一些功能性的列表区域。

1. 金刚区图标

金刚区一般位于App首页的轮播图广告区域下方，如下图所示。金刚区的主要作用是承载App中无法通过菜单等区域展示的入口等功能，特别是在一些复杂的应用中，如国内的京东、淘宝、天猫等，由于应用体系庞大，单纯靠下方的菜单已经无法承载，因此我们需要为一些栏目另辟新的入口，而金刚区中的一两排图标就可以很好地完成这个任务。我们也可以将应用中用户最常用的功能，或者重要的、希望用户进入的功能单独拿出来，以图标形式呈现在金刚区。

金刚区的图标样式目前分两种，一种是多彩的图标，另一种是统一颜色和形状，内部为白色面性或者线性的图标，以下两幅图分别为多彩图标及单一颜色面性图标。多彩金刚区图标适用于电商等生活服务类应用，可以让应用更加活泼，营造热闹的氛围，但是这类图标使用过多会让页面稍显杂乱。单一颜色的金刚区图标更适用于希望营造整洁、文艺等干净形象的应用中，音乐类应用多使用此类方式。至于使用哪种图标形式，需要根据应用类型及需要营造的氛围决定。

另外，金刚区图标一般以上图标下文字的方式呈现，文字字号多为12pt到14pt（一倍图设计模式下）。设计过程中，图标需要与文字标签居中对齐。同一行金刚区图标一般不超过五个，行数不多于两行。如果金刚区图标过多，可以采用两屏滑动的方式展示，此时需要在金刚区图标下方展示进度指示器，提醒用户还有另外的翻页。或者可以采取右侧图标露出屏幕一半的效果，提醒用户往左/右滑动。如下图所示。

2. Tab 菜单栏

菜单栏是一个应用的主要栏目的分区，是应用至关重要的入口。菜单栏在形式上分为iOS风格的底部菜单栏，以及Android风格的汉堡包（抽屉）菜单栏。如下页第一幅图所

示，目前iOS风格的菜单在国内更为流行，因为其更加直观，便于点击，用户第一眼就可以
看到；而如果把Android风格的抽屉式菜单栏作为主菜单栏的话，用户学习成本则偏高，因
为菜单隐藏较深，需要额外点击一次才能出现。如果我们把上述菜单叫一级菜单，那么二级
菜单则形式比较统一，一般位于页面顶部，以"文本+下画线"的方式呈现。

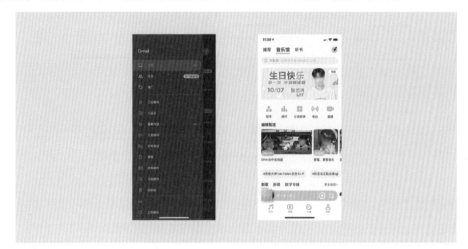

　　我们在这里主要向大家介绍iOS风格的菜单。如下页第一幅图所示为主流应用的一级菜
单，在Figma下，我们首先要确定下部图标栏的高度，一般图标栏的最小高度为84pt，其
中iOS中的Home Indicator（屏幕下方返回桌面的指示器）高度为34pt，上方图标区域为
50pt。Home Indicator区域的高度是固定的，上方图标区域高度最小为50pt，最大没有限
制，前提是要符合你的设计风格。如下页第二幅图所示。接下来我们讨论图标风格，目前
Tab栏的图标风格以线性图标和面性图标为主，很少会以拟物风格图标为主，当然在节日期
间会通过不同的风格烘托气氛。线性图标识别度高且不过度吸引用户视觉中心，因此运用是
最多的；面性图标视觉上稍重，会让用户的视觉聚焦在这个区域。总体来说，用线性图标和
面性图标无关对错，取决于你设计的应用的具体风格。如下页第一幅图左上角的YouTube
图标，是为数不多的全部使用面性图标的，YouTube也由此通过这种风格更加引人注目，
因为其应用中的大多数图标都为面性的实心图标。

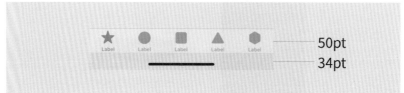

　　图标构成过程中，简约易懂是菜单栏图标必须要遵守的，因为图标太小，太过复杂，则无法看清楚细节，识别度也就无从谈起。如下图所示，太过复杂的图标缩小后将无法识别。此时我们可以简化图标细节，只突出便于用户认知的部分即可，其他装饰的细节可以考虑删去。

　　为了突显特色，不少应用会把常规的五个统一图标中的其中一个或者多个换成一个功能性图标，并且与其他图标呈现出不同风格。如淘宝，第一个图标在用户往下滚动页面到一定程度后会变成小火箭形状，用户点击即可回到页面顶部。而下页第一幅图中的菜单栏图标则使用了节日风格或者鼓起的圆角异型，让应用显得与众不同。

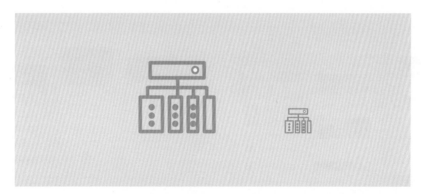

关于菜单栏底色，在现在简约趋势越来越明显的时代，一般不用特别深的颜色如黑色或者应用主题色来做菜单栏底色，目前的底色多为白色、灰色，辅以背景模糊、分隔线或者阴影效果，如下图所示。

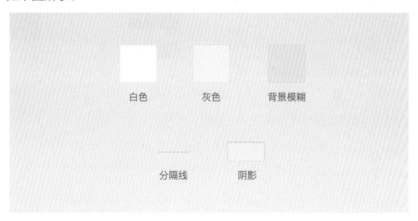

静电说：菜单栏是UI设计中的重要元素之一，最简单的设计诀窍——保证图标对齐、均分，图标风格统一，并为每个图标准备当前状态及非点击状态两套图。对于一些创意性菜单栏，图标下方可不加文字，但是认知效果不如加文字的更容易理解，因此"图标+文字"是菜单栏设计的主流形式。

此外，如果你想让自己的应用多一些创意，还有不少独特的样式可以选择，比如下页图所示的悬浮式Tab菜单栏，结合没有文字的图标展示形式，并辅以大面积的投影，可以让应用耳目一新。但是，需要注意，此种菜单栏如果不能被用户使用，那这样的设计稿只能成为设计网站上的灵感创意而已，不具备实用性。

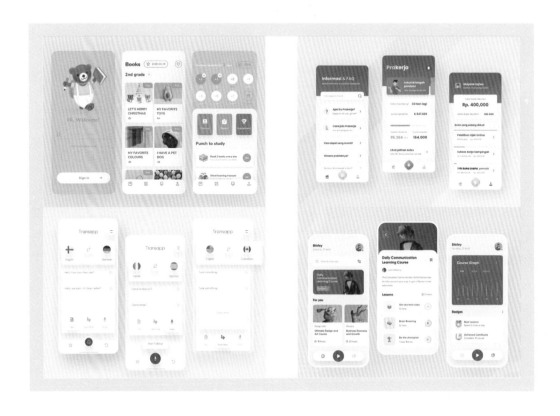

启动页设计：用户的第一印象很重要

启动页面是用户第一眼看到的页面，一般在用户启动应用后停留1秒左右时间即消失。在现实生活中，第一印象至关重要。所以一个优秀的启动页面会让用户对你设计的应用的作用、气质和形象等有一个初步的认识。启动页面有多种设计形式，接下来进行讲解。

1. 图形化启动页面

图形化启动界面需要在启动页面绘制大面积的图形或者颜色区域，形成视觉冲击力。如下图的淘宝、Lake 涂色书、京东及微信，都试图通过这种具象化的启动页面表达出特定的氛围。大多数时候，启动页面需要展示应用的图标，如淘宝和京东，前者通过大量喷射状的琳琅满目的商品图标体现出淘宝中什么都有的特性；京东则一直在强化其吉祥物狗狗的形象，并通过一定延展来表现一定时间内的特定诉求，这个阶段京东使用"狗狗+无人机"的方式表达自己的高科技物流理念。微信则一直沿用经典的星球与孤独的人的形象来传达创始人对微信的独特理解。涂色书通过单色图形到多彩图形的演变来向用户展示其应用的作用。让用户非常易于理解和上手。

2. 单 Logo 启动页面

由于现在应用界面的设计趋势，大部分界面的主体均以白色或者灰色为主，简约是当代的大趋势。因此不少应用仅仅使用"图标+Slogan（标语）"的方式来展示启动页面。如下页图所示。

强化一个设计的主视觉，不管是Logo还是吉祥物，都是很聪明的设计方式，当用户不断观看这个图形的时候，他自然而然就会形成条件反射，以后看到图形就会想："啊！这就是某某应用啊！"通过大量的留白让Logo更加聚焦，同时辅以一句朗朗上口的标语，可以让用户快速明白应用的功能及所传达出的意境。如下页图，QQ音乐使用"图标+应用名+标语"的方式设计，这是大部分应用的典型设计方式，美团外卖也遵循这样的做法。而淘票票则将标语置于页面的正中心，在下方呈现品牌Logo。总而言之，你想让用户看到什么，就把该内容放到重要的位置上。在一个应用的不同阶段，设计师所表达的重点应该有所不同，究竟是以宣传品牌为主，还是表达理念？如果你的应用已经被大部分人熟知，名字深入人心，那么可以使用一些表达理念的画面，如本节第一部分的淘宝、京东和微信。如果你要设计的是一个初创应用，那么不妨在一个时间段内一直强化自己的品牌认知，这才是重中之重。

3. 空白启动页面

按照苹果的官方人机界面指南的建议，启动界面只需放应用首页在未加载内容时的图片即可，但是现在非苹果官方的应用则很少有人遵守这个建议。在早些年，手机性能还没有这么高的时候，应用启动较慢，使用这种方式会让用户有一种应用启动比较快的感觉。但是现在应用的启动已经非常快速了，这样的建议已经没有太大价值。如下页图所示，目前苹果自身的应用还沿用这样的设计，左图为刚打开应用时的页面（启动页面），右图为加载出内容后的页面。

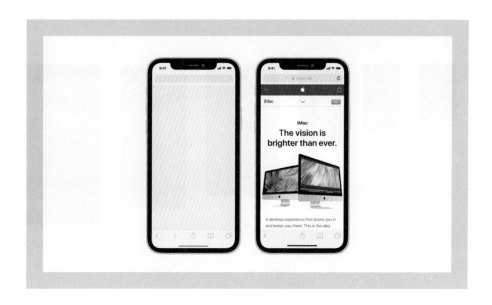

4. 在 Figma 中设计启动页面

　　一般来说，我们输出的启动页面都是一幅图片的形式，因此不管是iOS应用还是Android应用，设计师都需要保证启动界面的比例严格适配屏幕的比例。不得出现压缩、模糊等情况。

　　首先介绍iOS中的适配原则，由于iOS的屏幕尺寸相对固定，所以我们只需要设计一张主视觉后，改为不同的尺寸并交付开发工程师即可。这里要适配的尺寸包括iPhone4～iPhone8，以及后续的iPhone X、iPhone 11（s/XR、MAX）、iPhone 12系列版本，如下页第一幅图所示，在设计过程中，你可以采取截取部分画面、放大或者缩小主视觉、调整位置等多种方法来使启动界面在不同屏幕上的显示效果都能达到最佳。

　　关于启动界面的尺寸，我们可以在Figma中建立Frame的时候从右侧的属性检查器中找到。如下页第二幅图所示，在导出时，请按照手机原始分辨率输出尺寸（如×2或者×3）。

由于软件中并没有显示较老机型，我们为大家直接标明：iPhone4为320pt×480pt，iPhone 5为320pt×568pt，iPhone 6为375pt×667pt。我们只需要做上面列出的不同尺寸的各一套即可。作为设计师，我们需要记住这些典型苹果手机型号的分辨率尺寸，方便换算和使用。

对于Android机型来说，由于分辨率和机型太多，所以每样做一套不太现实。我们可以采取屏幕截取的方式来实现多机型适配。如下页图所示，此方式需要与开发工程师协作，而设计师要做的就是尽量让主要内容置于页面中间位置，不要在边缘放置文字等内容，避免被截取。

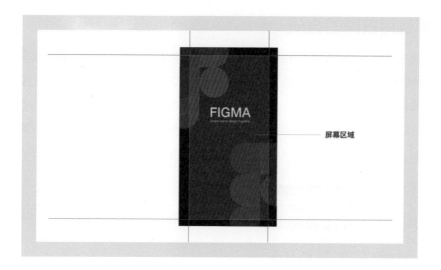

分清重点：应用首页设计技巧

启动页面是给用户的第一印象，而应用首页则决定用户进入应用后是否会吸引他留下来的关键。除了视觉之外，设计师一个最重要的能力是区分信息的重要程度，将重要的信息尽快让用户看到，次要的内容则弱化，再次要的内容则省略或者收纳到次级页面中去，千万不要在首页上堆太多跟应用主要功能无关的，无法为用户产生价值的内容，否则用户可能在浏览几秒钟后就头也不回地走掉。

1. 常规应用首页的构成

除去状态栏及下方的菜单栏和Home Indicator这些固定元素之外，我们需要格外关注的就是页面中间内容的呈现。一般传统内容型应用的首页构成如下图所示，从上到下依次为导航栏（或标题栏）、广告区域（一般为轮播图Banner）、金刚区（栏目及内容入口）、列表区域。其中列表区域又分多种形式，这一点我们将在后续章节为大家重点讲解。

2. 确定页面左右留白

留白营造呼吸感，在设计过程中，页面左右区域务必要留出一定的空白区域，再加上现在是全面屏手机时代，屏占比非常高。如果左右不留白，会显得页面非常拥挤，而且用户持握手机时容易被手指误触，因此留白必须要重视。一般情况下，留白会根据应用的功能和要营造的氛围来决定，比如下页第一幅图中，左侧为音乐类应用，通常音乐类应用偏重文艺、潮流、有风格，因此留白相对偏多，而右侧为淘宝，此类应用要营造出百货市场应有尽有的感觉，因此留白偏少。图中标示的留白数值供大家在设计过程中参考（一倍图设计稿情况下）。总而言之，设计时留白不能过多，也不能过少，过多会让内容显得过于局促，展示空间偏少，过少则视觉和交互体验不佳。

3. 导航栏区域设计

首页功能较多，因此导航栏区域（Title Bar）通常被搜索栏及高频度使用的几个图标占据。如下图所示，上方状态栏高度为44pt，下方区域同样为44pt，我们可以在这个区域放置所需的搜索栏和图标。

如下页图所示，头部区域均为搜索栏与左右布局的按钮。搜索栏在白色背景下可以使用稍微浅一点的灰色圆角矩形，高度约为38pt到40pt。而如果背景为灰色或者更深一点的颜色，则可以使用白色的搜索栏设计。而下页图中间的淘宝则刻意将搜索栏加上橙色的框和按钮，强化搜索功能（因为淘宝的商品太多了，搜索是更高效的方式）。

当然，不是所有的应用都会采用一行导航栏，有些应用的导航栏则可能更高，比如京东、QQ、微信和支付宝。京东将自己的搜索栏上方加入了Logo，意在强化用户的品牌认知（YouTube也一样），支付宝则将用户高频使用的图标放在搜索栏下方，让头部区域更加丰满。微信和QQ反而较为传统，继承了一般的标题区域。不同的设计形式，侧重点不同，没有谁对谁错之分，我们要根据自己产品的实际情况来确定使用哪种形式，不能完全照搬。

另外，本部分内容开头提到了一个很重要的点，那就是信息的重要程度。一般来说，页面的重要程度从上到下逐步减弱。但并不是说越往上越明显，用户的视觉中心一般集中在页面上部偏下的位置，也就是轮播图与金刚区的位置。所以，接下来我们要重点讲一讲轮播图区域的设计。

4. 轮播图区域设计

UI设计中常用的轮播图有两种形式：跨栏轮播图及常规轮播图。跨栏轮播图视觉冲击感强，创意十足。而常规轮播图在极简应用中常用，突显内容本身的重要性。如下页第一幅图所示，左一的京东在导航栏部分使用了颜色较深的色块，并使用纹理勾勒品牌形象（红色区域背景的狗狗轮廓），下方则使用了跨栏轮播图设计，这种设计一般在有色块的导航栏中经常使用，可以让视觉很好地与下方的内容进行衔接，不至于突兀。而淘宝、网易云音乐和QQ音乐（左二到右一）由于采用了纯白色（灰色）背景的设计，因此轮播图相对独立。

另外，也会有一些非常规的轮播图展现形式，比如下页第二幅图中的淘票票（右一），则使用了与上方导航栏背景融为一体的设计。我们在做轮播图的时候要将主体内容上方区域的颜色一起做出来，这种方式灵活度较高，视觉冲击力更强。当然，维护成本也变得比较高，对设计师的能力要求更高。

　　刚才说过，轮播图与金刚区是页面中非常重要的信息区块，因此关于轮播图的尺寸，我们要控制在合适的高度上，轮播图过高，内容过分下压，下方的内容重要程度降低，不利于运营和信息展现。因此，一般情况下轮播图的合适的长宽比例约为2.5∶1。

5. 金刚区设计

金刚区紧跟在轮播图下方,我们在04-03节中讲过金刚区的图标风格和样式,大家不妨回忆一下前几节的内容。须知金刚区并不是页面中必需的内容,只有在页面非常复杂的情况下,金刚区才能发挥更大的用处,如果内容简单,无须金刚区也可以更好地对内容进行排版。

金刚区模块下方可以安排瓷片区或者单行的公告区,如上页第一幅图右一所示的QQ音乐,采用了多种形式的瓷片区和单行文本标签,让内容展示更为丰富。

6. 列表区设计

列表无处不在,UI界面中60%以上的内容都为列表。列表区域的展现形式非常多样,我们将在下面几节为大家详细讲解,同时大家可以参考04-03节的版式设计内容,更深入地理解列表的重要性。

静电说:首页历来是兵家必争之地,对于一个公司的运营部门、广告部门来说,首页涉及诸多利益,展示越靠前、越明显,对于运营的效果可能越好。而对于设计师来说,不仅要权衡内部的需求,更要明白用户在使用首页时的视觉走向。大部分应用中,用户都以浏览为主,当首页没有其感兴趣的内容后,用户会转向其他页面或者使用搜索来更进一步检索内容。理解用户的使用路径,我们才能更好地把握重点,充分满足不同用户在不同场景和情况下的使用需求,尽可能避免用户"抛弃"你的应用。

04-06

UI 详情页设计技巧及设计目标

详情页可存在于几乎所有的内容型产品界面中,点击产品列表、书籍列表、文章列表等,都可以进入到一个详细介绍该产品、书籍或者文章等的页面中,便于用户详细了解其内容，并产生购买、阅读、使用行为。产品详情页设计的成功与否关系到用户的转化率，也就是用户产生商业价值的节点。因此，我们必须特别重视详情页的设计及产品研究工作。请记住，详情页中的任何内容都关乎用户的转化率，促使用户产生后续行为，使我们设计的产品产生商业价值，这也是我们设计的最重要目标所在。

1. 使用用户体验地图优化页面

首先想一想，用户点击进入这个页面后，最关注的是什么。我们来做个练习，大家来填空：

A：你从淘宝或京东某个列表页点击进入产品详情页，第一和第二关注的内容是_____。

B：你从豆瓣的推荐列表中找到一本书或者一部电影，此时你点击进入详情页，你最关注的是_____。

接下来公布答案，对于A问题来说：我首先会看产品名称，然后会看产品价格，再然后看看产品简介和评价，如果符合我的需求，接下来我可能会直接购买或者加入购物车（收藏）。

对于B问题：我首先会看作品名字，然后看作品简介和评分。如果符合我的需求，我会点击开始阅读按钮或者开始观看按钮，来阅读或者观看。

以上就是用户进入详情页后的行为路径，也叫用户体验地图（User Journey Map）。确定重点后，我们就可以有重点地优化这些区域的内容。

2. 产品详情页的构成

对于售卖产品的应用来说，详情页从上到下一般可包含以下模块：①产品图片（视频）；②产品名称；③产品价格；④促销信息；⑤产品类型；⑥产品参数；⑦用户评价；⑧产品详情；⑨产品售后及发货信息；⑩转化按钮或入口（购物车/收藏/购买）。如下页图所示。

对于阅读和其他类型的详情页，缺少价格属性，用户更关注评分、评价及内容题材是否符合自己的口味。如下页第一幅图所示。

请注意，不管是任何的构成，最终目的都是来促进用户进行后续行为。比如一个人要在京东买一件手机充电器，那么他在确定价格和产品是否合乎自己要求后，还会确认这个产品的送达时间是多久，如果他急于使用，而产品预计送达时间过晚，那么他可能就会转而选择其他送达快的产品。如果是用户在看了页面后还在犹豫，那么他可能转而会去"问大家"模块或在线客服，咨询一下他所疑虑的问题。

我们用下图来表达用户的体验路径。

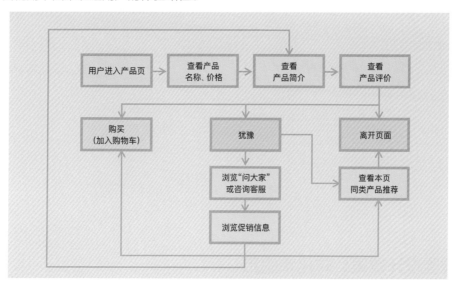

　　因此，详情页从上到下，我们要一步步地把握用户的心理，首先是产品类型与价格，这是用户最关心的，其次是评价等内容，继续往下，我们推测用户还在犹豫，那么添加"问大家"模块，强化用户的购买欲望，如果用户还在犹豫，那么我们进而加入"店铺推荐"，为用户介绍其他商品，这样层层递进的方式符合用户的心理模式。在模块设计的过程中，也是

依照这样的原理一层层地往下进行。

最后一步，常驻页面底部的"立即阅读"或"立即购买"悬浮工具栏，让用户更容易找到购买入口，发生购买行为。

3. 产品详情页的设计形式

首先，我们将用户最关注的内容进行放大处理，或者使用点睛色加深用户注意，比如产品名称及价格。其次，产品主标题下方可以考虑放上副标题，其实副标题就是推荐语，加深用户的转化欲望。剩下的内容，我们可以考虑以卡片形式层层递进设计，将页面背景色设置为灰色，然后使用白色卡片来展现内容。如下图所示。

4. 检验设计效果：转化率跟踪

如果进入某详情页的人数为100，有5%的用户点击了购买按钮，10%的用户点击了加入购物车，5%的用户收藏了产品，剩下80%的用户离开了此页面。那么这20%的用户就是这个页面中的有效用户。

我们可以通过产品详情页的不断改版和优化来跟踪数据，最终的目标是提升转化用户。

这是我们设计最重要的目标之一。

　　要收集用户点击数据，可以要求产品经理或者开发工程师对这个页面加入埋点统计，我们在应用上线一段时间内跟踪此页面的数据即可。如转化率不理想，则持续优化此页面，以提升用户转化率。

用户个人中心页设计

　　大部分的应用，最后一个菜单都名为"我的"或"用户中心"，这似乎已经成为业界约定俗成的一种惯例。个人中心页面一般记录用户的名称、头像以及与应用相关的附属功能、站内信等内容。可以说，"我的"页面就是用户的工具箱，没它不行。

1. 用户中心页的构成

　　要突显用户中心页，用户名和头像是必不可少的，而且要占据页面中的重要位置。如下页第一幅图所示的用户中心页中，大多采用彩色头部加跨栏卡片设计的形式。标题栏位置放置设置图标及站内信图标，在用户头像和用户名旁边，可以放置一些小图标，如VIP图标、会员图标等，彰显用户的尊贵身份。用户头像和名称下方，则展示用户的成就，如下页一幅图所示的界面中，左一的QQ音乐展示了用户喜欢的音乐等几项常用的内容，右一的知乎则展示用户的创作等成就。继续往下方走，则是用户常用的功能入口，如订单查询、热门工具以及产品想要推荐给用户的内容。

　　页面继续往下的内容，一般会放置一些附属的功能，比如关于我们的阅读记录或购买记录，等等。如果内容实在不够多，我们还可以考虑放置"猜你喜欢"栏目，把用户引流到其他栏目中去。

2. 用户成就模块设计规则

如下图所示的红色区域,是各位设计师需要进行反复练习的部分。"数字+描述文字"的方式让用户的成就更加清楚直观。一般情况下,此区域会放置2~4个项目,并均分页面宽度。

在设计这个模块的数字时,我们可以设置一个最大可以显示的字符位数,比如最大四位数,多于4位数则显示"X万",这样可以让文字对齐始终规整。下页图为不同的用户成就模块形式及字体颜色和字号建议。请注意,图中第二列和第三列的样式中间有0.5pt的竖向分隔线。

3. 让"我的"页面更有创意的小诀窍

如果你觉得纯白色或纯灰色的页面太没有创意和个性，不妨采用主题色作为头部色块使用。但是单纯使用头部色块有点过于单调，那么适当为色块加一些背景吧！上页第一幅图中间两幅界面分别使用了不规则的线条和叶子形状的纹理，让整个页面焕然一新，不妨多用一用这些看似简单但很有用的图形作为小装饰品。

另外，大部分新注册的用户并没有自己的头像，尝试为他们设计一个好看的扁平化默认头像，也可以设计一套多个头像。

04-08

万物即列表：从列表设计强化自己的设计能力

列表区也叫List View或Table View。列表是UI页面设计中使用最多的元素，只要是有规律的、重复的内容，我们一般都可以将其理解为列表。掌握好列表设计，你的UI界面设计技能将飞速提升，可以说"万物即列表"一点都不为过。

1. 列表的多种展示形式

如下图所示即为常见的列表形式，内容从上至下使用分隔线排列。列表内容可以是群列表、用户列表、栏目列表等多种形式。下图中的列表都为左图右文形式，右侧和中间的为单行列表，左侧的为多行列表。

下图中也存在不少列表，比如左一为苹果官网，一张图就是一行列表。而右一为音乐应用界面，"推荐歌单"模块也是列表，只不过它首先是横向排列的，上图下文为一组，一行排列满之后，继续排到下一行。

在下图中，我们将列表区域单独拿出来，这基本上已经代表了我们常见的列表形式。在设计列表之前，我们不妨先画出原型图，把元素对齐关系和依附关系调整好，然后再做高保

真效果图，如第二幅图所示。

　　如下页第一幅图所示的列表界面是比较难处理的，没有卡片去约束很可能会让页面一团糟。但这种列表也是最常用的，通常会用到用户留言模块中，此时需要格外注意，建议用分隔线区分每个列表单元，上图最右侧的形式即为留言形式列表，通常情况下，我们会让用户头像单独占用一列，用户名、留言时间和留言内容居左对齐，这样设计更为清爽易读。需要注意，此时用户的重点阅读区域为留言内容，并不是用户头像或者用户名，因此这两者的文字可以适当弱化，留言内容文字适当放大。

　　如果你对这个模块产生的用户内容信息没有把握，可以参照下页第一幅图最右侧的界面，做成卡片形式，但这种形式稍显拘谨，空间利用率比较低，请权衡设计。

2. 分隔线列表与无分隔线列表

分隔线是常用的区分列表单元的形式，在运用分隔线的时候，需注意分隔线是页面中最次要的部分，因此要尽可能去弱化分隔线强度，不要太粗、太明显，否则会有喧宾夺主的感觉，让页面很难看。如下图所示，我们列举出了分隔线的正确使用形式和错误使用形式。

上图所示是初学者在学习过程中最常犯的错误，掌握好这个规律，让分隔线若有若无地存在，你的界面会显得优雅不少。我经常会举这个例子：UI界面就像一部电视剧，里边有主角，有配角，有路人甲，列表中的文字和图片是主角，而分隔线等附加元素则是路人甲，路人甲不能少，但是也不能抢镜。

因此，在做UI界面设计的时候，分清信息主次，主要的大一点、明显一点，次要的小一点、浅一点，对！就这么简单。这样对比就凸显出来了，主角的光辉形象也有了！

　　相当长一段时间里，我们要做各种各样的列表，分隔线是必不可少的，它的重要作用是区分信息层级，让列表更加易用和易读。但是，设计趋势总是在不断变化。分隔线作为一种而且是其中一种区分信息层级的方法，随着时代的发展，已经越来越让我们觉得其影响用户的阅读了。

　　而对于未来的趋势来说，可以推测，UI界面一定是越来越轻、越来越薄，无关的干扰也越来越少（主要原因是手机屏幕越来越长，纵向可利用空间越来越多，用户在纵向范围内，看到的内容越来越多。这就给设计师足够的发挥空间，不再仅仅局限于将内容挤在一个不算太高的区域里。因此，大留白可能会成为未来的一个趋势。留白足够大之后，线框就显得多余了，视觉干扰也随之减少。各种线条、各种装饰、各种卡片、会越来越少，直到消失）。从苹果的App Store改版我们就可以发现，越来越多圆润的、有弧度的卡片出现在设计中，而分隔线则越来越少。虾米音乐则将分隔线的使用减少到了极致，有道辞典也在尝试让列表更轻、更清爽。如下图所示。

　　分隔线去掉后，有哪些设计诀窍呢？如何让列表更加优雅，可读性更高呢？

　　（1）毫无疑问，加大列表的纵向间距，留出更多的空间，让用户不致被视觉层级所迷惑；

　　（2）使用"图标+文字"的方法来强调视觉层级，而非分隔线。

（3）更强的文本主次对比关系，如更粗和更黑的主标题加上对比强烈小而灰的副标题，让用户区分出列表的区块关系。

总而言之，无分隔线设计是一种更高阶的设计玩法，对内容的规整程度要求更高，更难设计，如果内容无法控制，或者设计不好，反而会弄巧成拙，让页面一团糟。所以，切记，量力而行，不是所有时候都不需要分隔线，路人甲有时候还是有用的。

04-09

插画：为 UI 界面锦上添花的技巧

插画是现在非常流行的一种视觉元素，而UI设计中的插画会用在多种场景中，比如启动页、引导页以及一些H5专题页面，甚至产品的宣传动画和海报中。结合现在最受欢迎的3D工具，甚至可以做出更加吸引用户眼球的立体图形作品。本节我们探讨插画在UI界面中的使用技巧。

如下图所示的插画风格是我们最常见到的，用简单的线条进行勾勒，突出人物形体和动作特征，忽略人物面部表情。我们可以直接在Figma或Sketch中完成勾勒。这种风格的插画可以应用到App的引导页面中，让产品说明更加形象生动。

下页第一幅图所示的插画类型可以在UI界面中作为配图使用，一幅好的插画作品可以让UI界面更有生机，通常建议大家在自己的作品集展示过程中配上几幅插画，这样会更加吸引使用者的目光。

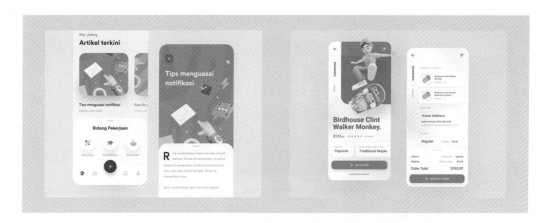

　　使用App的吉祥物来进行延展，绘制插画是一种很好的品牌拓展形式。如下图所示的京东产品的引导页就使用了"吉祥物+3D插画"来介绍产品功能。目前在3D软件（如C4D）中进行简单的渲染，形成Low Poly风格的低多边形风格非常流行，而且大幅度简化了3D绘图的难度。设计师不妨将这种形式与UI界面中的设计主题结合，绘制更有视觉冲击力的插画作品。

　　将插画用在实事题材内容上也会起到很好的效果，借助Figma中的钢笔工具及完善的路径工具，可以很方便地对图形进行调整和绘制，此类扁平风格插画需要多进行钢笔工具练

习，我们不妨选择一些进行勾线临摹，Figma的钢笔工具我们在02-04节以及04-01节轻拟物风格图标绘制环节进行了讲解，大家可以进行温习。如下图中的抗疫题材作品，就使用了简单而又风格可爱的插画。

静电说：插画的主角是人物，绘制人物时，将人物按照头、五官、上身、四肢、附属物品进行拆解，绘制完成后进行填色和组合，即可快速完成这种扁平风格图形的绘制。我们绘制的小人可以适当可爱一些，从大眼睛入手，配合鲜艳的配色，迅速抓住浏览者的眼球。

04-10

"原子化"设计思路：用Figma制作设计规范与组件

组件化设计师现在比较流行的一种UI设计方法，叫作原子化设计（Atomic Design）。这种设计方法其实在五六年前就出现了，它是一种更易于前端工程师进行开发的方法。大意就是将页面中的所有内容归类为基础元素，如输入框、列表、表单、图片容器等，将它们进行总结，并形成文档，而这些基础元素就是"原子"，如下图所示，我们可以将这些内容通过适当组合，进而搭起一个完整的界面。原子化设计是一种非常"工程化"的设计方法，对于后台页面，表单类多的页面效果显著。

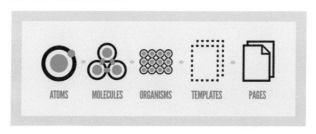

1. 设计中的"原子""分子"与"组织"

原子化设计的层级理论，如上图所示，从左到右，你就会发现这种逻辑的条理性。从左到右分别为"原子（Atom）""分子（Molecule）""组织（Organism）""模板（Template）""页面（Page）"。

原子，一般指UI页面中的颜色、文字、图标、分隔线等。如下图所示，左侧为UI页面，右侧则为页面中的原子内容。

分子，则是比原子高一级的结构，如UI中的导航栏、标签栏、搜索框、按钮、弹窗等内容，都属于分子结构。如下页第一幅图所示。

组织，指由分子构成的列表，包括内容卡片、入口模块、瀑布流图，等等。如下页第一幅图所示。

模板，由"原子+分子+组织"组成了模板，也可以理解为原型图。

页面，顾名思义指填充真实内容后的页面，也就是高保真的效果图页面。如下页图所示。

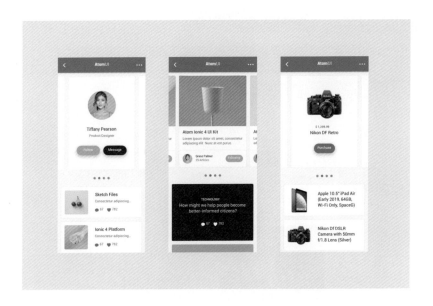

2. 原子设计理论（组件化设计）的特点

- ☐ 便于协作，便于维持设计稿的一致性。
- ☐ 扩展或者维护方便。
- ☐ 典型的工程师思维在设计上的应用。
- ☐ 刻板，设计师创意性受限。
- ☐ 切勿生搬硬套，根据设计需求及项目情况灵活使用。

3. 使用 Figma 创建组件库的步骤

第一步，先把所有UI界面做好并统一元素。

第二步，定义基础颜色、字体字号、基础图标。

第三步，在前两步的基础上，定义导航栏、标签栏、搜索框、按钮、弹窗等元素。

在Figma中使用原子化设计（组件化设计）非常简单，主要涉及几个要点：基础样式、组件（Component）、嵌套组件（Nest Component）。

在Figma中打开做好的页面文档，然后总结出页面中使用的所有文本样式，并将其设置为文本样式。如下图所示，选中"健身&跑步"字样，在弹出的对话框中，将其命名为模块标题样式。Figma中创建样式的操作隐藏较深，请按下图箭头所指位置寻找。

　　然后为所有可以复用的文本都创建样式，并赋予文本样式，选中文本，然后同样在上页图中的箭头所指位置，找到刚刚创建的样式，单击即可。

　　然后创建可以复用的组件（Component），如下图所示的红框框出部分都是需要创建的组件（其实观察一下可以发现，列表中可以重复的一个单元就是要创建的组件）。

分别选中框中的元素，右击，选择Creat Components，创建组件。创建完成后，左侧图层列表中相应的图层会变成紫色。我们还可以对组件进行嵌套，比如"健身&跑步"这个模块，可以做成"组织"，再次全部选中这些由刚刚创建的组件组成的内容，同时选中"健身&跑步"这个标题，右击，再次选择Creat Components，创建组件。

最后，我们把应用中使用的颜色整理出来，然后定义图层填充样式。如下图所示，选中颜色图层后，单击箭头所指位置，并为颜色命名。

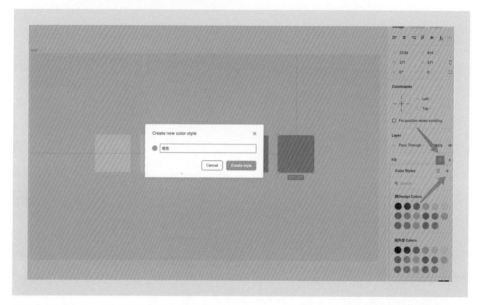

按照这种方式，我们把自己做好的设计稿中的内容进行整理，最终形成一个原子化的、一级一级递进的结构，这个时候组件化的设计稿就完成了。如果要形成设计规范，可以把上面生成的文本样式、颜色、分子、原子都放到一张Frame中，这个时候一个属于你的设计稿的UIKit就形成了。

静电说：原子化设计思路是一种非常典型的工程师思维模式，类似搭积木，我们把所有的元素都做成可以复用的积木，随后只要在积木库里把它们拖出来直接使用就可以了。这种方式对于界面样式统一很有帮助，但是建议设计师在整个页面设计后，再进行整理和归纳。先感性，后理性，让自己的设计更有创意的同时，不被反复设置组件、顾及样式统一所打搅。这也是我目前的设计习惯，大家可以参考。

05

iOS 与 Android
人机界面设计指南——
以不变应万变的设计
秘籍

日渐融合的 iOS 与 Android 设计

　　iOS与Android的设计风格最初是完全不同的，在Android 5.0发布后，谷歌推出的
Material Design设计语言被大家所认知，并因其大胆、亮丽的配色和华丽的动画效果一度
被广大设计师推崇，让我们眼前一亮。如下图所示，Gmail是用Material Design设计语言
来完成的典型应用。

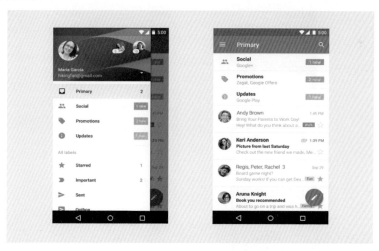

　　Material Design设计语言实现的应用有几个典型的特征：①艳丽的颜色；②侧推抽
屉式菜单；③卡片式设计；④悬浮按钮（Floating Action Button）。在国内的应用中，
我们难以发现这两个平台的差异，下页第一幅图所示的网易云音乐，是为数不多的在iOS
和Android平台分别设计两套不同界面的应用之一。我们发现，Android版本的网易云音

乐的最大特征就是没有了iOS版本下方的菜单栏，加入了左上角的汉堡包菜单（侧推菜单）；同时，将主菜单从页面下方移动到了最上方，其他地方几乎一致。

和设计风格，没有做任何改变。国内大部分应用采用了这样的方式。
而大部分的应用，如下图的Airbnb，则在Android和iOS系统中呈现出完全一致的布局

从这个意义上来说，我们似乎感觉到，谷歌的Material Design经过几年的发展，并没有深入人心，反而慢慢消失，融合在主流的设计风格中，这种主流的设计风格，并不是严格意义上的iOS风格，但或多或少地被iOS所引领和支配。

为什么当时广受好评的Material Design设计语言越来越式微，逐渐消失在大众视野中

了呢？我觉得主要有以下因素：

（1）风格单一，无法发挥创意。仔细观察谷歌的Material Design设计语言，你会发现，几乎所有的设计元素都是类似风格，很难发挥出创意，形成属于自己应用的独特创意点。

（2）Material Design中大量使用了留白和卡片效果，导致寸土寸金的屏幕空间被这些无用内容大量占用，屏幕显得非常局促，信息无法得到更有效的展示。

（3）设计规范过于复杂死板，要求事无巨细，没有太多发挥空间。

（4）Android系统碎片化严重，就2020年来说，市场上还存在着从Android 5.0到Android 10.0的各种版本的系统，不同版本的系统互不兼容，适配困难且适配成本高。

（5）用户学习成本、开发与设计成本高。如果我们分别为iOS和Android系统做两套各不相同的界面，那么用户在不同平台转移，需要额外的适应时间。同时对于开发者来说，要设计两套界面，进行两套甚至多套界面的适配和开发，这无疑加大了开发成本，且意义不大。

因此，现阶段，除了谷歌及少数几家完全原生的Android系统的手机厂商，其他的手机厂商都尽量在设计上避免产生差异感，最终Android和iOS的界面差别越来越小。甚至可以说，今后所有的创意，都将是全平台通用的，只要符合基本的用户体验，我们无须再严格按照某一种风格来设计，这样是不是在设计上就灵活太多了？

> 静电说：苹果和谷歌都各自推出了自己的人机界面设计指南，请记住，这是指南，不是设计规范。它仅仅为你的设计指引一个方向，我们不要把这些指南当成规范生搬硬套。一句话总结，符合用户体验原则、好用的界面，就是好设计。

在本章中，我们会对iOS和Android人机界面交互指南中的一些通用的、适合于现阶段使用的精华内容摘出来讲解，记住，这些规则中的大部分是可以通用的。

内容至上：设计原则解析

"三大设计原则"是《iOS人机界面交互指南》（*Human Interface Guidelines*）中最重要的，也是主导iOS界面设计的原则。此外还有其他设计原则。

1. 明晰（Clarity）

各种尺寸的文字应该清晰易读，图标应该精确醒目，去除多余的修饰，突出重点，以功能驱动设计。同时，负空间、颜色、字体、图形和界面元素应巧妙地突出重要内容，并传达交互性。iOS的天气应用就是个很好的例子，如下图所示。

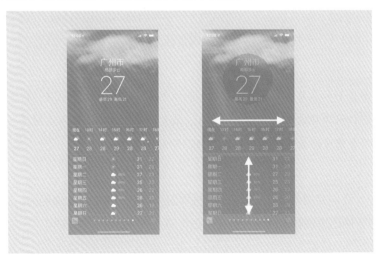

从结构上分析，天气应用是典型的三角形信息布局结构。还是以用户体验路径举例，用户打开天气应用，一般情况下最想知道的是当前当地的天气情况，进而拓展到一天内不同时段的天气情况（比如用户下午3:00要出门，他可能会关注这个时段的天气，来决定穿什么

衣服、是否带伞），继续往下，用户会关注最近几天的天气情况。这样的信息布局是依照用户体验的流程来走的。从重要程度上，当前天气以点状结构置于页面最上方，并占据视觉重点。中间的当天分时段天气则采用横向列表的方式，与下方未来几天的天气预报形成区隔：一个是横向列表，一个是纵向列表，很巧妙地区分了模块结构，让内容明晰易读。

2. 遵从（Deference）

　　流畅的动作和清晰美观的界面，应该有助于用户更好地理解内容并与之交互，且不会分散用户对内容本身的注意力。内容通常会充满整个屏幕，使用半透明和模糊效果来表达层次感，暗示更多的内容。减少使用边框、渐变色和阴影可以让界面明亮且通透，同时确保内容的可读性。如下图所示，iOS自带的App Store和博客应用中，广泛使用了高斯模糊效果，同时在卡片下方使用了弥散系数很高的阴影。通过这样的设定让用户更关注内容本身，而不会因为过多的修饰效果而分散注意力，综观这些界面，几乎没有任何图形装饰物。

3. 深度（Depth）

　　视觉的层次感和生动的交互动画会赋予 UI 新的活力，有助于用户更好地理解并在使用过程中感到愉悦，并且在使用应用功能和其他内容的时候不会迷失在上下文中。如下页图所示，左侧iOS中的日历应用通过交互动画中的缩放效果产生了层次感，比如点击年视图中的某个月份，会采用动画的方式放大进入月视图，反之亦然。而右侧的分享页面可以让用户在不离开当前页面的情况下临时弹出功能菜单层，方便用户操作，同时背景变暗，体现出层次感。

4. 其他设计原则

（1）审美完整性：一套应用应采用与其功能一致的风格。例如，一个任务类应用可以通过使用巧妙醒目的图形、控件来让用户保持专注。另外，沉浸式的应用（如游戏）需要提供引人入胜的外观设计，以确保用户沉浸在游戏的场景中。

（2）一致性：一套应用的界面风格要统一，如标准的文本样式、统一的名词术语、统一风格的图标和交互行为来帮助用户尽快熟悉应用操作。

（3）直观的操作：屏幕上的内容操作应该更加直观易懂。

（4）反馈：用户进行操作后，应用应该通过反馈让用户迅速得到操作的结果。比如点击一个按钮后需要有点击反馈行为（颜色改变或者大小改变，抑或发出提示音、显示进度指示器等）。

（5）隐喻：当用户认为UI界面中的元素更像实际生活环境中的某些事物的时候，他们会更容易理解并完成操作。比如切换开关、移动滑块或者滚动选择器；又如用户在手机上阅读图书的时候，模拟用户在现实生活中翻书页的操作，等等。

（6）用户控制：对于一个应用来说，应该让用户感受到你的应用是处于他们的操作之下的，是可以被他们控制的，而不应该反过来让应用来"控制"用户。因此，采用用户熟悉的界面和图形是个不错的选择。

静电说：三大设计原则并不仅仅针对iOS平台，这些原则在任何人机界面中都适用。作为UI设计师，有必要通读一遍《人机界面指南》，对其有更全面的了解。

05-03

屏幕（密度）精度：开始设计之前首要关注的内容

UI界面在开发和设计过程中都要遵循iOS和Android平台独有的单位。而这些单位也关系到设计师是否能准确理解设计尺寸和开发原理这些内容，从而顺利地作图和切图。本节中，我们要为大家梳理几个最常用的UI专有名词。

1. 像素（px）

像素是显示设备的基本单位，几乎所有的设计师都认识这个单位。像素是基于数码设备而言的，我们知道，不管是手机屏幕，还是电脑显示器，或者电视，都是由一个个的发光点构成的。这些发光点产生不同色彩的光，就构成了屏幕上的图形。比如一块手机屏幕的分辨率是750px～1334px，那么这块屏幕横向有750个发光点，纵向有1334个发光点，总的发光点数目就是750×1334=1 000 500个。一个发光点，就叫作一个像素，这是显示设备最小的显示单位。像素是个相对长度单位，因为发光点有大有小，所以像素也有大有小，没有一个绝对值可言。如果有条件，大家可以拿一个放大镜对着屏幕进行放大，就会对像素有更直接的观感。如下页第一幅图所示。

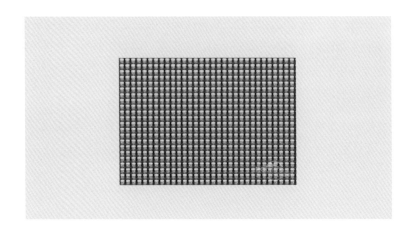

2. 像素密度（PPI）

像素密度的英文全称为Pixels Per Inch，指单位面积（每英寸）内像素的数量。屏幕密度越高，显示效果越精细。所以，不要认为分辨率高，屏幕显示效果就一定好，我们还要用另一个单位来衡量，那就是屏幕尺寸。

计算像素密度的公式如下图所示。

$$PPI = \frac{\sqrt{横向像素^2 + 纵向像素^2}}{屏幕尺寸（英寸）}$$

所以，要得到屏幕密度很简单，只需要将屏幕分辨率以及屏幕对角线的尺寸（英寸）套入公式即可。如左图所示为不同PPI的屏幕显示的不同效果。

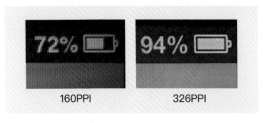

我们发现，PPI越高的屏幕，显示效果越细腻，PPI比较低的屏幕，则可能会出现肉眼可见的细小颗粒。在屏幕密度高于320PPI后，肉眼则很难察觉这样的颗粒，我们把屏幕密度为320PPI的屏幕称为视网膜屏幕（Retina Display）。而现在随着手机屏幕的不断发展，大部分的手机屏幕密度都已经高于320PPI。下页图列出了各种iPhone设备的分辨率和像素密度值。

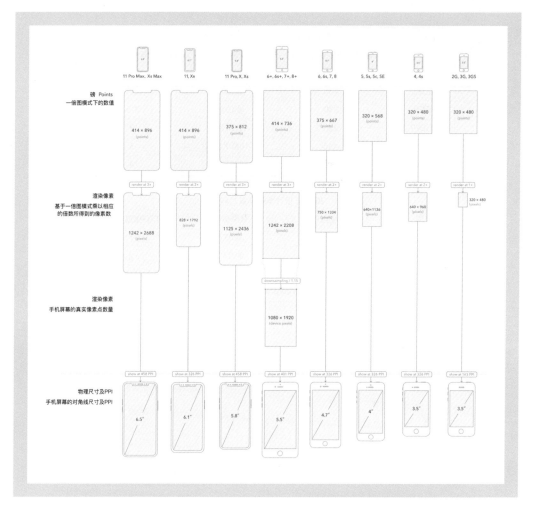

　　分辨率越高，显示效果越精细，作为设计师，我们输出的位图素材尺寸也必须越来越大，否则在高精度的显示设备上，可能出现位图变虚等问题，这并不是我们想要看到的。所以，使用设计软件如Figma输出位图素材的时候，需要注意你的设计稿（一般为一倍图）和输出的位图之间的关系。一般我们会根据密度的倍数关系，将输出素材放大2倍或3倍，以适配不同的手机精度（矢量图无须这么做），如下页图所示。所以，这里有个诀窍，当你拿不准要输出多大的图片的时候，尽可能地输出更大的素材，保证在高精度屏幕上的清晰度。另一个方式就是研究一下这个显示设备的PPI，不管是电视、电脑还是手机屏幕，都可以用这种方式来确定。

Android UI 设计单位换算对照表			
类型	屏幕密度PPI（Density）	典型分辨率	DP/SP与PX换算比例
LDPI	120	240X320	0.75
MDPI	160	320X480	1
HDPI	240	480X854	1.5
XHDPI	320	720X1280	2
XXHDPI	480	1080X1920	3
XXXHDPI	640	1440X2560	4
注：PPI 这里只系统密度，而非屏幕实际 PPI，实际可参考典型分辨率			
iOS UI 设计单位换算对照表			
类型	屏幕密度PPI	典型分辨率	PT与PX换算比例
@1x	163	320X480	1
@2x	326	640X960	2
@3x	401(489)	1080X1920	3（2.46）
注：iPhone 6 Plus 屏幕实际密度489PPI，设计输出3x 资源，系统渲染为2.46x			

静电说：如果你突然要为电视设备来设计应用，那么可以一个典型的分辨率作为基准尺寸，比如1920px×1080px，用这个尺寸作为基础画板来绘制，这个时候如果要适配4K电视，只需将图片输出为2倍的即可。

3. 磅（Point）

在Photoshop中，1pt=1/72inch，这里的磅是绝对单位。在iOS设计过程中，磅为相对单位，当屏幕密度为160PPI时，1px=1pt=1DP。所以我们在1倍图设计模式下，换算关系就非常明了了，1px就等于1pt。请注意，磅（pt）为iOS设计过程中的专有单位，不要与其他的"磅"混淆。

4. 设备独立像素（Device Independent Pixel，DP）

Android系统中使用的度量单位，与设备物理尺寸无关。也就是说，如果Android系统中的文字或者图形使用DP单位来写，那么无论在哪种设备上，都将保持相对尺寸的一致性。DP一般用于元素的长度单位，也可以用作文字的度量单位。当屏幕密度为160PPI时，1px=1pt=1DP。

5. 可缩放像素（Scaled Pixel，SP）

此单位一般用于描述Android中的可缩放文字。如果你对自己的排版足够有信心，可以使用SP来描述文字，如果是严格限制版式的布局，建议使用DP以保持不会错位。SP = px /（PPI / 160）。160PPI的设备上，1DP=1px=1pt=1SP（假设Android字体大小缩放为100%）。

如下图所示，其中蓝色的圆使用SP为单位设定，而下方文本使用DP为单位设定，此时如果改变Android手机的文本缩放大小，则圆会放大或缩小，而文本大小则不会发生变化，这就是DP和SP的区别。大家可以使用自己的Android手机，在系统设计中调整一下字体大小选项，然后返回到常用的应用中，如果发现这些应用中的字体或者元素变大了，那么它使用的单位就是SP，不变的内容则以DP为单位。

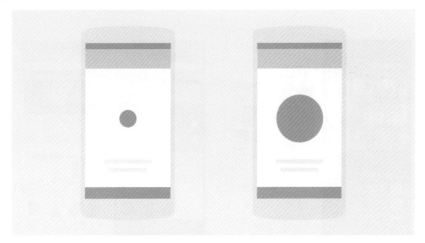

🧑 静电说：不论你使用Figma还是其他任何标注工具交付设计稿给开发工程师，都要知道这些单位的含义，掌握基本的开发原理与单位换算，以不变应万变。工具只是工具，自己掌握原理才是最根本也是最有效的学习方式。

从"亮色模式"到"暗黑模式"：iOS 13 新增规范讲解

暗黑模式（Dark Mode）是iOS 13版本更新后新增的一个特性，在以往，手机中的界面大部分都是亮色的，这在白天的观感体验非常棒，特别是在强光下，会有更好的识别度。但是在光线比较暗的情况下，屏幕发出的白光对用户来说非常刺眼，即使把亮度调到最低，依然无法解决问题。此时暗黑模式就派上了用场，特别是在使用OLED的屏幕中，黑色是完全不发光的，这样可以进一步提升手机省电的程度，同时在光线较弱的情况下保护用户的眼睛，如下图所示是暗黑模式与亮色模式的对比。

1. 为什么要用暗黑模式

除了上文所说的保护眼睛等原因之外，暗黑模式还有不少优势特性，比如，在黑色背景下，照片等内容会更加清晰，效果也会更好，如下页图所示。有没有这样一种感觉：当你在黑色背景下查看照片的时候，照片好像真的变漂亮了。

的确，暗黑模式可以让用户更好地聚焦内容，除了凸显优点，当然也可以放大内容的缺点，所以暗黑模式下的UI界面并不如想象中的那么容易做。

除此之外，很多用户觉得，亮色模式看腻后，使用暗黑模式会特别酷。这也是暗黑模式越来越流行的原因之一。

2. 设计暗黑模式需要注意的要点

专注并聚焦内容：暗黑模式将焦点放在界面的内容区域，这样会使内容区域区别于背景，将重要内容凸显出来。

在明亮和黑暗的外观下测试你的设计：了解你的界面在两种界面中的外观，并根据需要调整你的设计以适应每种外观。在一个外观中运行良好的设计可能在另一个外观中不起作用，你可能要重新设计它。

调整对比度和透明度辅助功能设置时，请确保在暗黑模式下的内容保持清晰易读：在暗黑模式下，你应该单独测试，并打开"增加对比度"和"降低透明度"功能来测试你的内容。你可能会在深色背景上找到暗文本不易辨认的地方，也可能会发现在暗黑模式下启用"增加对比度"功能会导致暗文本和深色背景之间的视觉对比度降低。尽管视力很好的人可以阅读较低对比度的文本，但对于有视力障碍的人来说，这样的文本可能难以理解。请务必注意。

3. 深浅模式下的颜色对比

请注意，暗黑模式并不是简单地将浅色模式中的黑色变成白色，白色变成黑色。它们之间是有不少细微差别的。如下图所示。

暗黑模式并不是简单地对浅色模式的颜色进行反白操作，而是加入了透明度及颜色的调整。由于同时要支持两套不同的颜色，单纯用色值来描述会带来管理上的巨大困难，因此iOS引入了语义化颜色（Semantic Color）概念。语义化颜色指的是设计师不再使用固定色值描述颜色，而是以颜色所使用的目的来描述颜色，每套颜色都在系统层面为其配置两套适合各自模式下的色值。比如，iOS中定义System Background（系统背景色）在浅色模式下是#000，在暗黑模式下则是#FFF。

其实语义化颜色很容易理解，就是用语言来描述某处颜色的值，我们可以用系统背景色（System Background）、填充色（FillColor）、文本标签颜色（LabelColor）这些词语来描述某一个颜色，而无须再用某个色值来描述了。而在描述层级结构的时候，可以用System Background、Secondary System Background、Tertiary System Background来分别描述第一、二、三级的层级结构。

另外，iOS默认提供了九种色彩的色板，这种颜色叫TintColor，类似强调色。请看下页第一幅图，每种颜色都有适用于深色和浅色两种样式。同时iOS也为我们做了语义化的命名，在使用时，开发工程师只需直接调用这些语义即可。

如下页第一幅图所示，在浅色模式和暗黑模式下，即使看起来类似的颜色，具体的色值也不一样，有些在深色下会偏亮，有些则会偏暗。

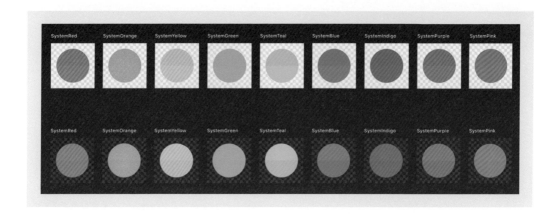

4. 暗黑模式下的层次结构表现

在浅色模式下，如果我们需要一个卡片浮到基础背景层之上，可以有几种做法，第一种，将背景层设置为灰色，卡片设置为白色。或者可以在白色背景的基础上，为浮层添加一个阴影效果。如下图所示。

但是在暗黑模式下，层次结构就不能单纯套用浅色模式的效果了，比如阴影，我们不能在"黑色"背景上使用"黑色"阴影，这样是完全看不见的，也凸显不出层次感。所以，不要在暗黑模式下用阴影了，用"亮色"的阴影也不行。可以采用下面的方式来表现层次，如下页第一幅图所示。

5. 暗黑模式下善用透明度

　　不管在暗黑模式还是浅色模式，使用同一种颜色的多种透明度会让颜色的管理更加方便，比如下图中的文本和图形。我们分别使用阶梯递进或者递减的方式让白色在黑色背景上形成多种颜色效果，使用这种方式可以让颜色管理变得超级简单，同时，会让文本和图形在背景上形成通透感。

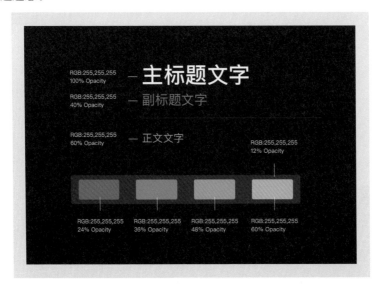

　　但是，某些情况下，则不能滥用透明度填充，如下页第一幅图所示，如果使用透明度填充，会让图形呈现出非预期的效果。

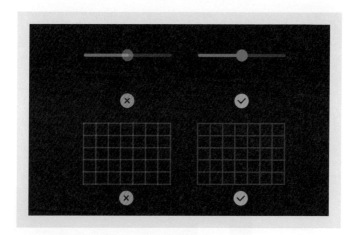

6. 检查颜色对比度，确保可读性

在暗黑模式下，同样需要确保页面元素的对比度，让用户体验良好的可读性。不能为了体现黑色效果而不断降低文本或者图层对于背景的对比，一旦对比度太低，用户将会在阅读界面的时候特别费力，按照WCAG 2.0AA级别的标准，背景与上一层的对比度至少为4.5：1。如下图所示，最右侧的两组颜色对比度已经没有可读性了。

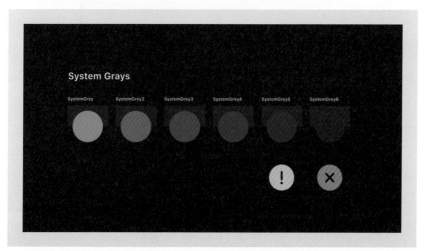

在Figma中，我们可以使用插件来检查颜色对比度是否符合标准。推荐使用插件A11y-Color contrast checker来检查文本与背景的对比度。请注意，此插件检查的是文本与Frame背景色的对比度，并不能直接检查两个图层的对比度，所以我们要确保文本在一个填充了颜色的Frame上。选中需要检查的Frame，然后执行上述插件，随后插件便会显示检测结果。如下图所示，如果有错误，系统可以帮助你调整颜色，即时返回调整后的测试结果。

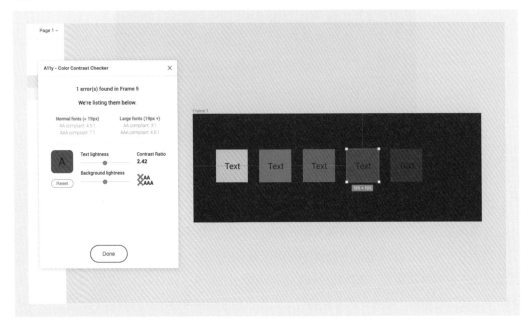

7. 暗黑模式与深夜模式

需要明确的是，暗黑模式并不完全等同于深夜模式，深夜模式只是暗黑模式的一个子集。在深夜模式下，屏幕光线会更暗，颜色对比度会更低。在设计暗黑模式的时候，要确保用户在正常的白天日光环境下有标准的可读性，避免用户反复调整屏幕亮度。因此，设计暗黑模式的时候，切忌把一切元素的对比度调整得过低。如下页第一幅图所示，网易云音乐提供了暗黑模式（左）和深夜模式（右），可以发现，暗黑模式的对比度比深夜模式更强烈，深夜模式则整体再次降低了对比度。

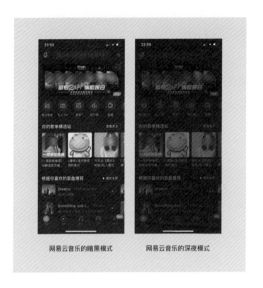

网易云音乐的暗黑模式　　　网易云音乐的深夜模式

8. 材质（Material）

与Material Design的材质概念类似，苹果在iOS 13中提供了四种不同厚度的材质类型，类似于不同透明度的毛玻璃，如下图所示。我们可以在下拉菜单、菜单栏及各种导航栏中使用这种材质，默认的材质厚度为Regular。材质的使用让界面更有通透感，让用户更好地感觉到界面的层次关系。

静电说：要真正掌握暗黑模式的设计感觉，不妨找一个熟悉的应用界面，练习将其转化为暗黑模式。现如今暗黑模式已经成为App的标配，所以在设计浅色界面的时候，不妨将深色界面的设计也考虑进去，避免后期设计暗黑模式时，内容改动量过大。多使用语义化颜色来描述，会起到事半功倍的效果。

05-05

小组件 Widget 崛起：iOS 14 设计规则解析

2020年的苹果WWDC上，苹果发布了iOS 14系统，其中引入了桌面小组件（Widget）功能，这个功能是本版本非常重要的功能，以往只在Android设备上才存在的小组件功能，现在在iOS设备上也可以用了，如下图所示。桌面小组件让苹果的桌面更加丰富和多元，提供了更多样化的操作方式，为用户也带来了更多的可玩性。本节将为大家解析iOS 14小组件的设计规范。

要添加小组件很容易，升级到iOS 14系统后，长按主屏幕，点击左上角的"+"，即可选择不同类型的小组件，目前小组件多为系统应用，如照片、天气、时钟、备忘录、待办事项、屏幕使用时间等。也有第三方应用推出了可以自定义小组件的功能，可以放置自定义照片等多种内容，如WidgetSmith，大家可以在App Store上下载。如下页两幅图所示。

1. 小组件的尺寸

　　iOS小组件提供了 2×2（小）、2×4（中）和 4×4（大）三种尺寸，尺寸越大，显示内容越多。至于其他被挤出去的图标，就自动挪到下一屏幕了。

　　小组件的尺寸如下页图所示，在不同密度和尺寸的屏幕上，都要保证小组件看起来是最理想的状态。你可能需要在特定情况下缩小或者放大小组件。

屏幕尺寸（一倍图）	小型组件尺寸	中型组件尺寸	大型组件尺寸
414x896 pt	169x169 pt	360x169 pt	360x376 pt
375x812 pt	155x155 pt	329x155 pt	329x345 pt
414x736 pt	159x159 pt	348x159 pt	348x357 pt
375x667 pt	148x148 pt	322x148 pt	322x324 pt
320x568 pt	141x141 pt	291x141 pt	291x299 pt

2. 桌面小组件不可交互

请注意，在桌面上的小组件无法进行交互，必须点击进入应用中才能使用。这一点与负一屏的"今日"屏幕上的小组件不一样（它是可以进行交互操作的）。另外，如果是iOS 13及之前版本的小组件，只能添加到"今日"屏幕中，不能在桌面上使用。如果需要使用新的桌面小组件功能，需要另行开发。所以，设计师不要在桌面小组件中设计交互功能（比如按钮），因为完全无法使用。

3. 为同一个应用制作多个小组件

在添加小组件界面上，可以为一个应用制作多种大小和形式不同的组件，供用户选择，如果组件选择余地太小，用户可以放弃使用你的插件。如下页第一幅图所示，通过翻页找到适合自己的组件，添加即可。

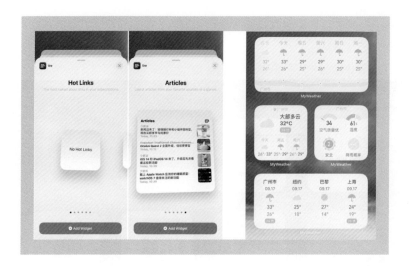

4. 利用小组件的叠放属性

小组件是可以叠放的，我们可以把一个组件放置在另一个上面，实现叠放效果，然后上下滑动即可查看不同的组件。如下图所示。

5. 创建有意义的小组件，并实时展示信息

请注意，苹果官方指南告诉我们，小组件绝对不是简单的程序入口。我们要实时地展示用户希望看到的信息，而不仅仅是简单的不会变化的内容。如下页图所示，如果展示天气，

那么天气应该实时更新。而如果显示健身成就，那么应该随着用户的运动实时更新数据，而不要一成不变。

6. 将设计内容专注在一个点上

一个小组件对应一个功能点，不要尝试在一个组件中放置过多的功能。比如天气小组件，只展示当前位置当天时间的天气和温度；一个健康应用只展示当前的步数和行走里程。仅仅用来展示实时状态即可。

7. 不同尺寸的组件显示的内容量不相同

如下页第一幅图所示的天气预报应用中，小尺寸的组件只显示当前的天气，而中等尺寸则增加了分时段的天气预报，大尺寸则更进一步追加了未来几天的天气情况。根据不同的组件尺寸，我们要安排不同的内容，不能单纯地把小尺寸的图直接放大，这是错误的。同时，小组件中的信息太过松散或者太过密集都不合适。因此，要掌握好展现信息的程度，不要让信息过载。

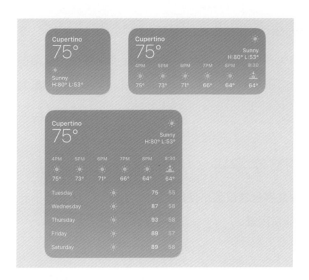

8. 小组件需要支持 Dark Mode（暗黑模式）

在不同的显示模式下，小组件需要适配不同的显示效果，因此，设计师在设计小组件时，请记得设计相应的暗黑模式。

9. 设定合理的间距，确保可读性

小组件的标准推荐边距为16pt，如果小组件中有按钮元素等，也可以使用8pt的窄边距。如下图所示，健身应用使用了16pt的边距，天气应用和音乐应用使用了8pt的窄边距。

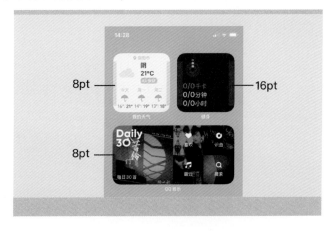

10. 小组件的功能需要进入 App 具体的功能页面

如果在Widget中有多个功能，那我们需要确保点击每个功能都进入相应的功能页面中去，如果不对应的话，用户可能会抛弃你的Widget，毕竟小组件是为用户带来便利的一个直达入口。

11. 小组件中的文字字号

在Widget中，中文字号建议最小使用12pt，英文可以适当缩小到10pt。太小的文字字号会让用户阅读变得非常困难。

静电说：推荐在375px×812pt的尺寸中设计小组件，然后交由开发工程师适配即可。同一个组件中可以放置多个功能区域，如上页第二幅图所示的音乐应用Widget，我认为是非常有用的小组件，这样听歌的时候不用点击应用图标，再找收藏的音乐了，省了不少事情。我们不妨把应用中一些高频功能提炼出来放到小组件中。

06

从细节到整体：
以产品和用户为
核心的设计思路

以品牌眼光做应用设计及展示

但凡让人眼前一亮的UI设计，品牌呈现一定是不可或缺的一个环节。就像我们买衣服、日用品要看牌子一样，一个品牌塑造出来的氛围，决定了用户对你的认知，也从侧面让产品产生了性格，这种性格就是让别人喜欢起来的重要一点。举个不恰当的例子，每个人的"物理"组成都是一样的，都有鼻子有眼有胳膊有腿，那么在人与人的交往过程中，是什么真正吸引彼此走到一起的呢？除了外貌特征，还有一点就是"性格"，其实性格就是一个人的"品牌"之一。

在UI展示过程中，如果你只是片面地把设计稿罗列出来，硬生生地摆在那里，那对于用户产生的效果就微乎其微。就像你给另一个陌生人硬生生地介绍你自己："你好，我叫静电，我的性格如何，我的爱好如何，很高兴能认识你。"而对于设计层面，这些就要通过一些"品牌"设计来传达。

其一，为你的应用起一个朗朗上口的名字，这个名字可以有趣一些，并且便于延展。比如滴滴打车，"滴滴"就是一个很好的延展，因为这是汽车的喇叭声，用户很容易进行联想。印象笔记的图标是一头大象，通过这种文字与视觉的相互呼应，首先名字上就成功了，用户看到应用图标，整体认知就丰富和立体起来了。

其二，为你的应用讲一个故事，或者塑造一个氛围，让用户进入这个氛围，并能感同身受。比如一个旅行类的应用，推广对象是身处钢筋水泥都市的人群，那么可以通过讲一个小故事："钢筋水泥的丛林，每日匆匆忙忙的人群，身心俱疲的工作，有没有一刻，你梦想着去一片真正的森林，去享受一场心灵的旅行？"这个故事可以让一大部分人内心受到触动，接下来就带用户进入他们梦想的氛围中，进而引出自己设计的产品，这样的展示效果会比干巴巴的罗列效果好太多。

其三，提炼用户强需求，并展示给用户。对于购物类应用，用户更关心的可能是"价格""品质"等要素，我们在设计的时候不妨去凸显用户最关注的某个要素。下面两幅图是我们一位学员的设计作品，他设计的是旅行类应用，通过一张图展示了旅行的动机和常见的旅行问题，列出的这些动机和问题中，很可能有一个能打动你。

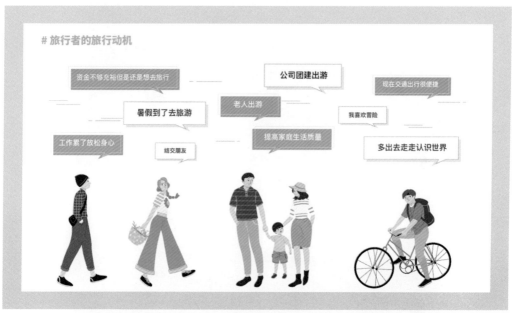

其四，视觉延展。视觉延展建立在一个生动形象的应用名字之上，如京东，在没有吉祥物之前，仅仅是单薄的"京东"一词，而引入吉祥物狗狗后，视觉形象就丰满起来，大家想到狗狗就会联想到京东、天猫、淘宝也是同理。而这些还不仅仅只包含吉祥物，我们可以把自己应用的主视觉图像运用到各种地方，比如手提袋、礼品、广告牌、海报、表情包等，让形象进一步立体起来，如下图所示。

静电说：个人认为，现阶段很多UI设计师所欠缺的很重要的部分就是品牌思维。一个具有良好品牌思维的设计师，可以用更轻松的方式让自己的设计作品更加立体、更加饱满、更受大家欢迎。如何树立品牌思维，并不是一件很复杂的事情，我们可以多去看看电视中的广告，多去观察路边、地铁中的广告，找到优秀的并去感受它想要凸显出的品牌感。久而久之，你的品牌感就培养起来了。再直白一点，所谓的品牌感就是，你有为你设计的产品打广告或者刻意去推广的意识。

06-02

创造触动人心的作品展示页的 13 个步骤

对于UI设计师来说，作品集是必须具备的，面试官在查看应聘简历的时候，如果简历中没有作品集，那么简历说服力可能至少要打五折。因此，一个优秀的作品集，几套高质量的产品展示页，对于设计师来说至关重要。在现在这个"全链路设计师"概念大行其道的大环境下，想要通过一套作品展示页打动用户，让用户认同你的设计，已经不仅仅是把做出来的UI界面简单排到页面上那么简单了。我们在06-01节已经讲过，要以品牌和产品的眼光来做应用。通过这种文档展示方式，更能体现出UI设计师的综合应用实力，下页图为我的学生runho的作品展示页设计，整体已经非常优秀。在此，我总结了13个创造触动人心的作品展示页的步骤，下面一一来为大家解释。

1. 讲故事，塑造氛围，带用户产生同理心，进入观赏状态

讲故事或者塑造氛围的方式有很多，可以写一首诗，或者一首歌的歌词，或者是一个简短的故事，抑或是一段符合氛围的音乐等，让用户进入一种观赏状态，可以提升用户对作品的认同感。具体做法参见06-01节。

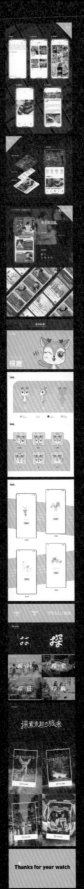

Thanks for your watch

2. 设计形象展示海报

设想一下，你要设计一个平面宣传册来介绍所负责的产品，那么它的封面应该是什么样的呢？比如下图，就是典型的形象展示海报，海报中一般包含Logo、Slogan、产品展示界面，还有一些附加的、用来表达产品功能和氛围的图形。

3. 打磨产品简介

用一段简短的文字让用户明白，你现在展示的应用是干什么用的，一定要简明直观。如下页第一幅图所示。

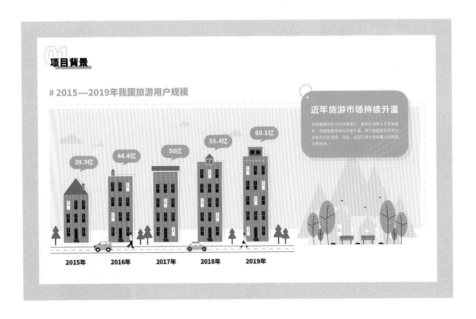

4. 介绍项目背景

　　项目背景主要用来阐述我们为什么要做这个项目，这个项目能为用户带来哪些帮助。我们可以用"文字+图片"的方式来展示，如下图所示。

5. 阐述产品目标

可以使用"文字＋图片"的方式来阐述，你的产品要解决哪些问题，帮用户完成怎么样的目标。

6. 分析老版本或其他产品存在的问题

如果你在做一个App产品的改版设计，那么不妨分析一下老版本存在的问题，哪里做得不好，用户不喜欢。如果你在做一个全新的产品，那么可以分析一下竞品，分析一下竞品的优点和缺点，取其精华去其糟粕。

7. 设定用户画像

用户画像表明哪类用户会使用你的应用，或者你希望什么样的用户用你的应用，然后根据这些用户的特征，来设定符合这些用户使用习惯的设计，进而产生商业价值。用户画像包括用户的年龄段、收入、所在城市、爱好、工作性质等属性。如下图所示。

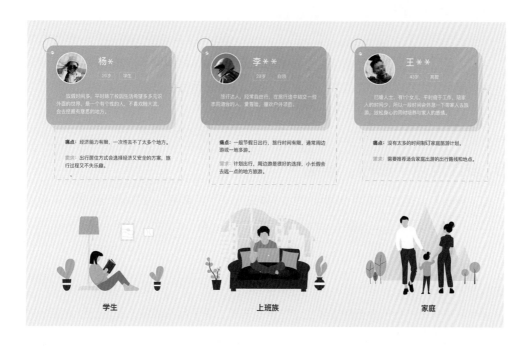

8. 设定情绪关键词，推导表达情绪的图片，进而设定颜色和风格

想一下，你的应用要传达给用户怎样的情绪，是快乐的、悠闲的、有效率的，还是年轻的、潮流的、商务的，等等。然后，根据这些情绪去找一些可以表达它们的图片出来，通过这些图片，我们再来设定主题色，如下图所示。这就是所谓的情绪版，情绪版的用途非常多，也是一种比较有说服力的设计推导方法。请大家务必多多练习。

9. 展示 UI 页面

这些设定完成后，接下来就可以来展示Logo设计以及详细的UI界面了。作为附加选项，我们也可以将原型图、产品结构图等体现在展示稿中。界面展示方式多种多样，建议大家分模块展示，比如首页、详情页、列表页、我的，等等页面。在展示过程中可以附加一些解释文字，表达你界面中的一些亮点功能。

10. 设计规范、图标、插画

为了展示专业性，可以将UI界面中的字体设定、图标套组以及插画单独拿出来重点展示，加强用户的印象，同时凸显自己多方面的能力。

11. 品牌延展

品牌延展是让产品形象更加立体生动的重要方式，关于品牌延展，我们已经在06-01节做了介绍，品牌延展有多种方式，可以通过吉祥物来塑造IP，通过Logo来扩展，打造具有

产品自身属性的纪念品等，这都是很好的展示方式。

12. 总结感想和收获

通过这个完整的UI产品项目，你从中学到了什么、有哪些提升，可以在这一个区块中用文字来简要描述。

 静电说：以上这些步骤并不是一成不变的，但如果你是初学者，希望我的提纲能为你带来一些帮助，只需按着这个提纲将内容填充好，相信你也可以做出很华丽的产品展示页面，触达面试官和观看者的心灵。

13. 感谢

最后，来一句感谢语吧，顺带可以将自己的邮箱、社交账号等联系方式加入这里，只要你的作品足够优秀，相信会有伯乐联系到你的。

07

静电的 Q&A 时间

Q.目前市面上的UI设计工具很多，之前有PS，后来有XD和Sketch，现在又有各种新的工具如Figma等，面对琳琅满目的工具，我们该如何选择呢？

A.选择UI设计工具，我们要明白几点：一是你所在的团队都在用怎样的工具，这些工具是否对团队的工作效率有足够的提升，抑或是阻碍？如果是阻碍，那么就要改善。现在主流的工具是Sketch，但是仍然有不少设计师已经转向了Figma这样的在线工具。为什么这些设计师会拥抱变化？其中一个很重要的原因就是这些工具能为他们的工作带来正向的帮助，让自己的工作效率更高，设计效果更好。所以一切以这个原则去考量，很多问题就迎刃而解了。不过，从个人发展角度来看，我还是建议各位设计师多多尝试新工具，毕竟移动互联网时代，变化实在太快，尽量赶上发展的脚步，不要落伍，这样才能让自己立于不败之地。因此，如果你有足够的条件，能在使用Sketch的同时学习一下Figma，那就比别人快了一步，你说呢？

Q.没有中文界面的工具，我很难下手怎么办？

A.虽然讨论语言的问题很容易招到一些小伙伴的不满，但是我这些年一直在苦口婆心地劝各位小伙伴提升自己的软实力，这些软实力包括语言能力、表达能力、学习能力等隐性能力。很多时候这些能力才是你能跟其他设计师差距越来越远的一个重要原因。其实软件里的英文大部分都很简单，如果你真的很不熟悉，不妨硬着头皮用3～4周时间来强制自己使用一下，我相信这段时间是非常值得的，因为你又学习了一门新技能，不再排斥外语，这样别人在等汉化的时候，你已经开始读英文文档，比别人先一步学好了，工资提升也比人快了一步。不只这些，UI设计师对于英文的需求是非常大的，我们常常在设计师的设计稿中看到英文的标题以及各种词组，如果你不懂，放了一个错的，闹出了大笑话，可真的不太好，毕竟语言也是设计稿重要的组成部分。想一想，你家小孩现在可能从幼儿园就开始学习外语了，你甘心落于孩子后面吗？顺带说一句，我也在自己的微信公众号（静Design）中开设了一个小栏目：静电的英文小教室，定期为大家准备了一些设计师常用的名词，大家不妨关注一下。

Q.Figma中拖动Frame会导致Frame中的其他元素缩放变形，请问怎样可以避免？

A.按住苹果键（苹果系统）或Ctrl键（Windows系统）拖动即可避免这种情况发生。或者单击Frame中的某个元素，检查Constraints面板中的设置是否为Scale，如果是，请将其改为其他选项即可解决问题。

Q.我是个UI设计的初学者，看到UI设计要学很多东西，界面、平面、交互、产品、插画、3D等，看得眼花缭乱，请问应该按照怎样的顺序学习呢？

A.对于UI设计的初学者来说，假如你没有设计经验，如平面设计等，也没有设计软件经验，建议先从基础的版式设计，也就是排版学起，可以使用本书介绍的Figma，抑或是Sketch，这类软件学习成本低、难度小，很容易上手。在初学阶段，最重要的是把UI界面的排版练习好，这是设计最基础的一环，比如文字使用、摆放、对齐等内容。在这个阶段，最好的练习手段就是临摹，大量临摹主流的UI界面，做到一模一样为止，请注意，一定是一模一样，完全一比一。在这个过程中，你会对文字的颜色、大小等形成一个完整的印象。在这之后，可以开始练习图标的设计，毕竟图标是UI中非常重要的组成部分。到了这一步，你应该可以把UI界面做得不错了，但是还不够，交互内容也需要加入到你的学习计划中，随后辅以插画、C4D等内容。这样才是一个完整和科学的学习体系。UI设计是一个综合性很强的类目，一旦你学好后，你之前感兴趣的插画、3D等也相应就学会了，并会对这些内容有更好的理解。所以，不要舍本逐末，试想，就算会画插画，UI界面却做得很差，那么你应聘UI设计师时，求职成功的概率会有多大呢？

Q.UI设计师在准备作品集和求职过程有哪些诀窍？

A.首先，要对自己有一个清醒和准确的定位。确定你究竟是初级设计师、中级设计师或者更高级别的设计师。招聘单位对设计师的需求和定位不同，如果你是一个初级设计师，入行没多久，就把简历"包装"得无所不能，在面试阶段形成巨大落差，那么最终求职大概率会失败。反之亦然。对于初级设计师，我们要凸显的是自己的可塑性、学习能力和可培养能力，以及一份恰如其分的作品集，面试官从你的作品集中可以看到灵性。在公司选择上，找一些拥有自己产品、管理正规的移动互联网公司，而不要去选择平面、外包或者跟自身职位不太相关的公司。而对于中高阶设计师，招聘单位自然要求更高，所以，要强调的就是定位问题，如果刚开始就抱着"我要挣大钱"的心态去求职，最终可能得不偿失，因为每个行业都需要有积累才能有收获。

其次，设计师的重中之重，就是打造一份优秀的作品集，在作品的选择上，尽量选择符合当下审美需求、比较新的作品。有些同学的作品集页面上依然还放着N年前的老古董作品，自然就不会受到面试官的青睐。另外，作品要秉承着宁缺毋滥的选择标准，不要一股脑地全部放上去，先想一想，哪些作品你自己都不满意，你自己不满意的东西，别人看了大概率也觉得不理想。

最后，梳理自己的特长，想想自己更偏重于UI设计的哪个方向。有些同学喜欢做交互和产品，有些同学单纯地喜欢视觉，有些则比较喜欢动效设计，找准自己的方向，为自己设计不同的进阶道路。目前来说，全链路设计师是比较受欢迎的，这个方向的设计师注重全局，设计的商业价值、数据分析及界面的深入设计能力，属于比较全面的设计师类型，静电的课程《静电的UI设计教室》也提供相关的教学知识，供设计师提升和进阶。而单纯的视觉向设计师则注重视觉层面的深耕，参与运营设计、电商产品、品牌包装等工作。

Q.你反复提到，设计师要产生价值才能更好地证明自己的能力，请问这个"价值"如何理解？

A.我在做设计管理的时候，有一件事是我很纠结的，那就是设计很难用数据去衡量。所以KPI之类的指标是做设计管理时很头疼的一个点，而设计师在一个产品团队中的"价值"到底要用什么去衡量，我觉得最终还是用户或者团队的认同度。这里分两个方面谈，很多时候，设计师是作为一个公司的支持部门存在的，那么考量设计师是否有价值的方式主要还是需求方的认可程度。这种情况下，设计师成就感通常并不高，因为活动效果的好坏，对于设计师来说好像没有直观的数据体现。用户量多了，参与度高，首当其冲会想到运营部门，毕竟设计师不参与这方面的考核。而对于产品线（产品团队）的设计师来说，有比较多的可能性来做能产生价值的事情，通常，团队中的产品经理负责数据调研和产品改善，我们设计师不妨也担起这方面的职责，配合交互设计师和产品经理来跟踪用户反馈和数据表现。比如一个电商产品详情页的转化率就是至关重要的一环，而设计的好坏对提升用户转化率至关重要，设计师可以发挥主观能动性，在产品改版过程中跟踪数据表现，进而通过这种方式让自己的"价值"落到纸面上。简而言之，当你以产品思维来做设计的时候，你的价值就会越来越大，越来越凸显。设计师要时刻以证明自己的设计价值为己任，并将这种理念反馈到设计本身上，促进产品共同提高。一个有价值的设计师，一定是被团队、同事以及用户所认同的。

Q.如何分配设计工具、设计理念与设计思维的学习比重?

A.需要知道,工具只是我们为了完成目标所要使用的"帮手",它绝对不能成为你设计的全部。在初学设计的阶段,多多关注工具并没有错误。但是当你入门并可以完成相关的设计后,不妨将自己的注意力多集中在对设计本身的思考上,而不是软件操作的细节。我们应该在实现设计目标的同时熟悉软件操作,进而让工具帮助我们,而不能反其道而行之。如果集中精力来学习软件,而不注重实际产出物,那么这样的学习方式是毫无价值的,也只能成为一个只动手不动脑的"美工"。本书在章节安排上,软件操作用了一半左右的篇幅,剩下的设计技巧和设计方法则是做任何设计都必须理解的,这也是每个人从小白到高手的必经阶段。如果你学了很长时间的"设计",但依然没有进步,不妨多多反思,自己是否进入了只学"工具操作"的怪圈。

Q. 本书是否附送视频教程,请问在哪里可以看到?

A.本书为大家贴心地附送了Figma学习教程,帮助大家更好地理解Figma及UI设计的方方面面知识。具体使用方式可以扫描封底的二维码以获取视频。

Q. 是否可以与静电老师进一步交流?

A.你可以加我的个人微信(微信号hixulei),进行进一步的沟通和学习。同时我们也开设进阶的UI设计课程,详情可以通过微信咨询我。

08

后记

很高兴能受到清华大学出版社编辑栾大成的邀请，最终历时近一年时间，利用各种碎片时间，完成了这本结合工具使用及自己这几年教学和实践经验的图书，这也是我近六年来的第三本图书，其中融合了许多精华内容和"不一样"的理念，希望各位UI设计师能在浮躁的大环境下，静下心来阅读和理解其中传达的思想。这几年，设计工具更新飞快，每隔一两年就会产生新的、效率更高、更好用的工具，而这些工具也在改变着设计师的工作和思维方式，让我们更加专注于对设计本身的思考，全链路设计师这个概念的产生让设计师拥有了更多的挑战，设计不是一门单打独斗的技能，它需要整个产品团队相互配合，互为补充，让"1+1"产生大于2的效果，更重要的是，设计师要有为产品负责、为用户负责的思维，进而成就产品本身，协助产品产生更大的商业价值，最终成就设计师自身的价值。

而本书就是这么一本看起来是在讲软件，其实加入了很多设计方法和理论的思考，让设计师不必忙于应付纷繁复杂的软件的图书。希望你能通过阅读本书，获得思维上的提升，成为这个日渐成熟的UI设计行业的优秀人才。

2020年是个值得所有人铭记的一年，在这一年我们经历了新冠疫情的洗礼，也许每个人都可以在这段时间静下心来，考虑一下在这个纷繁复杂的环境下，真正能为自己和身边的人做点什么。在本书的编撰过程中，我得到了身边家人、朋友的大力支持，他们在我沮丧和无助的时候向我伸出了援手，给了我巨大的鼓励。也很庆幸能在2020年的6月，北京疫情还在高警戒的状态下时，与编辑大成兄进行深度探讨和沟通。于是才有了现在你所看到的这本有关于Figma和UI设计的图书。在此，祝福大家在有一技傍身的同时，更能拥有一副好的身体和与时俱进的头脑，让我们一起活得更好。

最后，感谢我的老东家——中文在线汤圆创作的领导陈芳，以及可爱的同事们，让我获得了更多的实践和接触真实用户和产品的机会，并能一起打造产品。感谢产品协作工具墨刀的小伙伴的大力支持，感谢所有支持本书编写的朋友们，感谢身边家人和朋友的陪伴，最要感谢的，就是正在读这本书的你。

It will be better tomorrow——明天会更好。

静电

2020年11月

09

附录

优秀 UI 作品展示

　　本节收录我的读者和学员所创作的优秀UI作品，希望能为你的工作带来更多的灵感。一起来欣赏吧！建议结合本书第05章和第06章来进行查看思考：这些作品在何处吸引了你，你要如何来做才能更吸引浏览者的眼球？

作品：教育类 APP 界面设计　　作者：淡淡　联系方式：156610517@qq.com

作品：子履　作者：范雨萌　联系方式：yumengj_fan@163.com

P项目介绍

摄影图片交易类应用－展示精选的摄影师美图，作为浏览者，你可以欣赏 FOTO 推荐的图片，如果你想使用它们作为你的商业素材，那么你可以在 FOTO 中购买这张图片，同时，你也可以上传自己的摄影作品，供其他人欣赏和使用，并被别人购买，获得收益，FOTO 为优秀的摄影师提供了更多可以为自己展示和盈利的机会。

原型图

视觉规范　　　　设计理念

页面展示

作品：FOTO　作者：酱酱弟弟　联系方式：xuqianchongzi@126.com

作品：悦鸟旅行　作者：王东

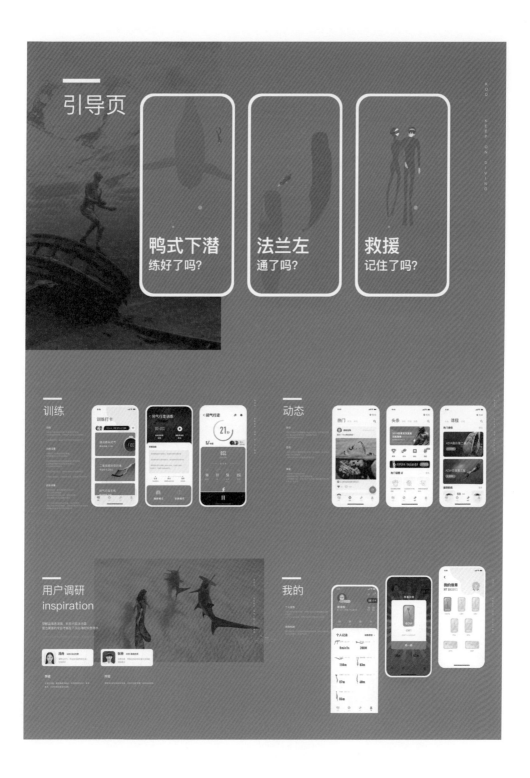

作品：大橘的账本　　作者：朝菌菌　　联系方式：xxfanxiaoxiao@qq.com

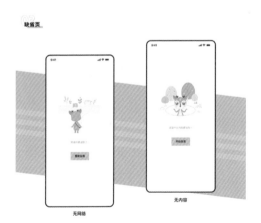

作品：探路　作者：runho　联系方式：15259634232@163.com

本书软件来源及合作伙伴

本书在编撰过程中获得了以下媒体和合作伙伴的支持，在此表示感谢。

1. Eagle：知名的设计灵感收集与整理工具，让设计师可以通过海量的素材获取灵感，其便捷的整理方式深受UI设计师喜爱。作者在撰写本书时使用的素材也是通过Eagle进行整理的。

2. 墨刀：免费的在线设计与协作平台，同样支持UI设计稿在线标注与导出，新增设计师在线绘图工具，从产品立项到交互设计，再到视觉设计及开发，支持一站式在线协作，大幅提升产品开发效率。在本书写作过程中，作者使用此工具进行产品协作和部分切图工作。

3. 字魂：为作者提供了版权字体，其网站上提供了海量新颖的UI设计师常用字体，通过低廉的价格即可获取商用版权，改善了字体授权贵、使用有风险等问题，为广大设计师所喜欢。

4. 软购商城：为作者提供了正版系统软件支持，软购商城致力于正版软件的传播，包含受设计师欢迎的常用设计工具及办公软件，购买方便、安心。

5. 汤圆创作：作者在本书中使用的部分真实产品案例来源于汤圆创作App。汤圆创作是一款免费的小说阅读软件。

6. Dribbble与Behance：本书中的部分作品引用自两个网站的作者，并已注明作者和网址。

7. Apple与谷歌：本书中的部分图片来源于iOS人机界面指南与Android人机界面指南。

8. Figma官方网站：本书部分素材来源于Figma官方页面。

本书图片提供者如下，在此表示感谢：

Mixkit、Khalid Saleh、Dribbble、Behance、Victor Nikitin & OTAKOYI、Figma、Gigantic、Erşad Başbag、Myicons、Eric Hoffman、Gavin Nelson、Evgeniy Dolgov、Stian、Afshin T2Y、Muh Salmon、Ghani Pradita、catalyst、Rocket Four、bradfrost、paintcodeapp、runho、王东、酱酱弟弟、Dliya、淡淡。

我们已经尽最大努力对本书中的图片提供者进行了一一确认，如有遗漏，我们将在再版时进行补充和致谢。

作者爱用的设计工具推荐

Eagle

设计师要有整理图片的习惯，遇到自己喜欢的、好的设计，一定要第一时间收藏到自己的电脑中，在没灵感的时候，也可以作为参考。而Eagle集合了灵感、案例、截图、图片、音频、情绪版等多种类型的收集，并能方便地对素材进行整理，目前Eagle在UI设计师中的人气非常高，这也是我非常喜欢的灵感收集工具，界面如下图所示。

在文件类型支持上，Eagle除了支持主流的PSD、AI、XD、Figma、Sketch等格式，还支持超过78种的文件格式。而且Eagle支持Mac和Windows双系统使用，不必再担心操作系统不支持这样的问题。

要下载Eagle，直接搜索关键词 Eagle即可，Eagle提供了30天的免费试用期，下载即可马上开始使用。

墨刀（modao）

这是我非常喜欢的一款免费的在线设计协作工具，我们可以轻松地把自己在Sketch中完成的设计稿通过插件上传到墨刀，并通过墨刀来完成设计资产的交互设计、实时的云端协作编辑、对设计进度的把控，等等。而且，墨刀内置了海量的设计素材，我们只需要轻松拖动即可使用，非常方便。另外，墨刀也上线了自己的设计师工具，就像Figma一样，可以在浏览器页面中完成图形的绘制。从对墨刀的长期接触中，我能感觉到墨刀开发工程师实力的强大。另外，墨刀是全中文的设计工具，使用者不用担心看不懂英语（如下图所示）。

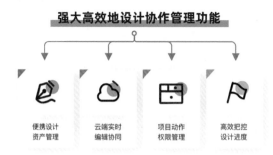

除了主流设计工具的文件迁移，墨刀更可以方便地管理设计版本，各位设计师再也不用担心设计稿"第一版"丢失的问题了。当然，交付和标注功能也不在话下，一键生成预览文件，即时交付给开发工程师，方便开发工程师导出图片和获取代码。大家可以直接搜索墨刀，注册使用。也可以关注墨刀的公众号（modaoapp），或者直接通过邮箱support@ modao.cc与墨刀取得联系。

字魂（izihun）

现如今，字体的版权问题越来越被设计师重视，但是在以往，字体授权费用高，使用风险大，这成为设计师在做设计时的一大障碍。而字魂网（简称"字魂"）的出现让我这个"非土豪"设计师有了更多的选择空间。字魂提供商用字体下载授权、字体定制、免费字体下载、字体授权及在线字体转换等服务，如下图所示。可以说，字魂让更多的优秀字体走入了设计师的设计稿中。

字魂的字体授权费用与传统的授权费用相比更平价，而且采用了会员制的形式，加入会员后，就可以自由选择非常多的优秀字体，对于设计师来说非常方便。看下页第一幅图所示的字体，是不是对大家很有吸引力？目前字魂的字体已经有240多款，并在持续更新中，字魂的字体都有国家版权局出具的作品登记证书，授权使用没有版权纠纷。

除了个人设计师之外，目前已有超过5000家企业与字魂合作使用其字体，包括人民日报、华为、小米、中国移动等。

可以直接搜索关键字"字魂"，访问网站了解详情，也可以通过邮箱s1732@izihun.com与商务人员取得联系。

软购（APSGO）

在以往，我们购买正版设计软件往往无处可寻，而这次作者找到的软购商场也是深受设计师喜欢的一个平台，这个平台拥有国内外大量知名软件的代理授权，和全球数百家知名软件厂商深度合作，像设计师经常用到的Sketch、Affinity Design等，都可以在软购商城买到，界面如下图所示。不仅各位设计师方便购买，更方便公司对公采购，使用安全便捷。大家可以直接输入关键字"软购"进行搜索和访问。商城还不定期地与作者合作举行优惠活动，可以多多关注。如有购买需求也可以跟他们的客服邮箱联系info@mail.apsgo.com。